河湖生态护岸技术特性研究与应用

简鸿福　吕辉　胡强　周王莹 等　编著

中国水利水电出版社
www.waterpub.com.cn
·北京·

内 容 提 要

本书介绍了典型生态护岸技术的特性及应用，分析了生态护岸的破坏方式及稳定性试验，总结提出了各类生态护岸技术的适用条件和应用要点，并详细阐述了鄱阳湖流域生态护岸典型设计实例，展望了生态护岸技术的前景。全书理论联系实际，对河湖生态治理具有理论和实践指导价值。

本书可供河湖治理工程建设管理、科研设计、工程施工人员参考，也可供相关专业的高校师生阅读。

图书在版编目（CIP）数据

河湖生态护岸技术特性研究与应用 / 简鸿福等编著. -- 北京 : 中国水利水电出版社, 2024.3
ISBN 978-7-5226-2097-8

Ⅰ. ①河… Ⅱ. ①简… Ⅲ. ①护岸－研究 Ⅳ. ①TV861

中国国家版本馆CIP数据核字(2024)第015051号

书　　名	**河湖生态护岸技术特性研究与应用** HE HU SHENGTAI HU'AN JISHU TEXING YANJIU YU YINGYONG
作　　者	简鸿福　吕　辉　胡　强　周王莹　等 编著
出版发行	中国水利水电出版社 （北京市海淀区玉渊潭南路1号D座　100038） 网址：www.waterpub.com.cn E-mail：sales@mwr.gov.cn 电话：(010) 68545888（营销中心）
经　　售	北京科水图书销售有限公司 电话：(010) 68545874、63202643 全国各地新华书店和相关出版物销售网点
排　　版	中国水利水电出版社微机排版中心
印　　刷	天津嘉恒印务有限公司
规　　格	170mm×240mm　16开本　10.5印张　200千字
版　　次	2024年3月第1版　2024年3月第1次印刷
印　　数	0001—1000册
定　　价	**50.00**元

前言

FOREWORD

河流是人类社会生存和发展的起源地，是孕育人类文明的摇篮。纵观人类历史发展过程，河流在人类社会的进化和发展过程中发挥了极其重要的作用。随着社会、经济、文化的发展，河流的属性已不仅仅只是满足人类对水的生活、生产需要，还承载了人类亲近自然、生态和美的渴望。河岸沿线已成为人居生活环境里的一道靓丽风景线。作为河岸带与河流的联系纽带，传统护岸工程在河流治理中扮演了重要的角色。传统护岸工程通常以防止洪水漫溢、决堤，确保人类经济和生命财产安全，保障河流航运能力等经济功能为目标，在设计中以满足安全性和耐久性为主，多采用浆砌块石、现浇混凝土、混凝土预制块等材料修筑硬质护岸，材质硬化、基本功能单一、生态和环保效益差，若在河流治理中过量使用，易隔断水生生态系统和陆地生态系统之间的联系，导致河流失去原本完整的结构和作为生态廊道的功能。

随着社会的发展，人们逐渐意识到，传统意义上的河道治理工程在力图满足人类水安全需求的同时，却在不同程度上忽视了河流生态系统本身的需求和人们对生态、健康、美丽的河流环境的需求。为深入贯彻生态文明理念，推动碧水蓝天、绿树夹岸、鱼虾洄游的河道生态景观创建，顺应水利高质量发展的新要求，生态护岸工程技术的研究与推广应用显得极其迫切，也必将得到迅速发展。

本书在实地调研鄱阳湖流域生态护岸实施应用的基础上，对流域内护岸形式进行了分析，并从鄱阳湖流域水系的水文特点、取材方便程度、景观效果及技术应用成熟度方面考虑，选择了松木桩护岸、石笼护岸、生态砌块护岸、干砌块石护坡、植物护坡、生态袋护坡、生态混凝土护坡、生态连锁块护坡、人工纤维草垫护坡、混凝土框格草皮护坡、空心混凝土预制块护坡、阶梯式挡墙护坡、聚氨酯碎石护坡、土工格室护坡共14种常用的生态护岸技术以及作者自主发明的2种新型生态护岸技术，对其进行深入分析。

全书从技术特性（结构特性、经济性、生态性）、破坏方式及机理、适用条件和应用场景等方面对16种生态护岸技术进行了详细的阐述，对各种护岸形式的优缺点进行了总结，并结合案例做了经验分享，展望了生态护岸技术的前景，为今后在不同条件下，选择何种护岸形式提供了经验与教训，对河流生态治理具有一定的理论价值和现实指导作用，为相关学者和水利工程设计、施工、管理技术人员提供参考。

本书是在简鸿福主持的江西省水利厅科技项目“江西省河流生态护岸技术特性分析及适用性研究”（201921YBKT07）、“农村水系生态环境治理技术研究及工程运用”（202224ZDKT06）等成果的基础上提炼编写而成的，由江西省水利科学院主编，中国电建集团北京勘测设计研究院有限公司参与编写。全书共7章，第1章概述了生态护岸的定义、生态护岸技术的研究与发展、传统护岸与生态护岸对河流的影响，由简鸿福、吕辉、韩会明、孙军红编写；第2章对各类生态护岸技术的特点和应用进行了简述，重点分析了各护岸技术典型设计断面的结构要素、结构维持稳定的内因、工程造价、生态性表现及原理，由简鸿福编写；第3章分析了各类生态护岸的破坏方式及原因，并通过参考其他学者的研究成果及室内、室外试验研究，分析了典型生态护岸技术在河流、湖区中应用的稳定性，由吕辉编写；第4章从水流条件、地形地质条件及选材条件3个方面提出生态护岸技术的适用条件，由胡强编写；第5章介绍了各生态护岸技术的设计要点、施工工艺流程及质量控制要点、质量检测与评定标准，由周王莹编写；第6章介绍了鄱阳湖流域河湖特性、鄱阳湖流域护岸技术应用典型设计案例，由戴霖、王农、邹俊、张林编写；第7章总结了各种护岸技术的特点，展望了生态护岸技术的研究方向，由周王莹、吕辉、简鸿福撰写；简鸿福、吕辉负责全书统稿。

本书得到了江西省水利科学院高江林、吴晓彬、游文荪、成静清的技术指导，得到了中国电建集团北京勘测设计研究院有限公司、福州荣勋建材科技有限公司、东莞金字塔绿色科技有限公司、建华建材（中国）有限公司等的支持，在此表示衷心感谢。本书在编写过程中从董哲仁教授编著的《河流生态修复》中获益良多，特此感谢！

受水平和时间所限，书中难免存在疏漏或不妥之处，恳请广大读者批评指正。

作者

2023年6月

CONTENTS

目录

第1章 生态护岸技术发展与应用现状

1.1 生态护岸的定义

生态护岸是指利用植物或植物与土木工程相结合，在维持河岸稳定的基础上，使河水与土壤相互渗透，增强河道自净能力，产生一定的自然景观效果，对河道岸坡进行防护的一种河道护岸形式。生态护岸主要采用天然材料，重新构建近自然的河流状况，使人为工程措施对河流流速、河内动植物生境、水质状况等的影响降至最低，有助于改善河流水质，营造良好的水生动植物栖息地，使河流生态保持良性发展。

生态护岸是现代河道治理的发展趋势，是融现代水利工程学、生物科学、环境学、美学等学科于一体的水利工程。在以往的管理模式和需求目标引导下，河道护岸以工程安全性及耐久性为主，多采用干砌块石、浆砌石、混凝土、预制块等材料修筑硬质护岸，隔断了水生生态系统和陆地生态系统之间的联系，导致河流失去原本完整的结构和作为生态廊道的功能，进而影响到整个生态系统的稳定，不利于生态环境的保护和水土交换，在外观上较为单调生硬，与周边环境景观协调性较差。加快建设资源节约型和环境友好型社会，是人民的需要，也是时代的要求。生态护岸是一项集多学科、多功能于一体的治河工程，有助于恢复河岸植被，提高河道净化能力，从而实现碧水蓝天、绿树夹岸、鱼虾洄游的河道生态景观。

1.2 生态护岸技术的研究与发展

传统的河道护岸材料具有材质硬化、基本功能单一、生态和环保效益差等问题，通常以防止洪水漫溢、决堤、确保人类经济和生命财产安全、保障河流航运能力等经济功能为目标。但现代社会的发展使人们意识到，传统意义上的河道治理工程在力图满足人类需求的同时，在不同程度上忽视了河流生态系统本身的需求，例如水利、交通等项目施工过程中常常会留下许多裸露的开挖边坡、填土边坡、弃土边坡等；大型水利工程项目（如大坝、船闸）改变了鱼类栖息环境，许多水生动物因无法适应新环境而急剧减少。这些工程对河流生态环境系统造成的破坏，在短期内往往难以得到恢复。以往人们在河道护岸过程中只考虑护岸工程的安全性、耐久性，故多采用浆砌块石、现浇混凝土、混凝土预制块等材料修筑硬质护岸，隔断了水生生态系统和陆地生态系统之间的联系，导致河流失去原本完整的结构和作为生态廊道的功能，进而影响到整个生态系统的稳定，不利于生态环境的保护和水土保持；而且在外观上也较为单调生硬，多数情况下与周边的景观不协调，与当前注重保护生态环境的发展趋势相违背。

因此，水利行业普遍认为，混凝土“包”起来的河道治理工程导致河流自我净化能力降低，水质污染严重。在国外，对环境、生态退化问题的认识较早，很早就开始研究传统护岸技术对环境与生态的影响，认为传统的混凝土护岸会引起生态与环境的退化。为了能有效地保护河道岸坡以及生态环境，许多国家纷纷提出了一些生态型护岸技术，早在1938年，德国的Seifert[1]提出了“亲自然河溪治理”的概念，提出治理工程在满足传统功能外，应尽量接近自然。20世纪50年代，这种护岸理念在莱茵河治理工程中得到应用，并在1965年选用芦苇和柳树在莱茵河上进行了植物护岸试验；20世纪70年代末，柳树和自然石护岸代替传统的混凝土护岸，生态环境得到提升。瑞士、德国等国家于20世纪80年代末提出了全新的“亲近自然河流”概念和“自然型护岸”技术[2-4]。20世纪90年代初，日本引进了“亲水”理念，推行重视创造变化水边环境的河道施工方法，即“多自然型河道建设”，并在生态型护岸结构方面做了大量研究[5]，通过对河道进行“多自然型护堤法”改造，覆盖土壤、种植植被等，有效地促进了地下水的渗透和水的良性循环，提高了水边环境的自然净化功能，形成了良好的河流景观与滨水环境。德国莱茵河于1993年和1995年两次发生洪灾，其主要原因是莱茵河河流生态遭到破坏，莱茵河的堤岸限制了河水向沿河堤岸渗透。因此，德国进行了河流回归自然的改造，将混凝土堤岸改为生态河堤，重新恢复河流两岸储水湿润带，并对流域内支流实施舍直改弯的措施，延长洪水在支流的停留时间，降低主河道洪峰量。美国及欧洲一些国家积极采用了“土壤生物工程护岸技术”，该项技术是从最原始的木柴枝条防护措施发展而来的，经过多年的研究，现已形成一套比较完整的理论和施工方法，包括土壤保持技术、地表加固技术、生物技术与工程技术相结合的综合保护技术等。上述技术在欧美国家已得到广泛运用，如美国伊利诺伊州鸦河流域的保护、美国阿拉斯加州Kenai河护岸、英国约克郡戴尔斯三峰地区国家公园自然环境恢复项目、美国新泽西州雷里坦河保护工程等。目前采用混凝土施工、衬砌河床而忽略自然环境的河流治理方法已被各国普遍否定，德国、法国、瑞士、奥地利、荷兰、美国、日本等发达国家在拆除20世纪60—70年代建造的钢筋混凝土护岸、恢复河流自然生态系统方面积累了大量成功范例。进行河流回归自然的改造，建设生态护岸已成为国际大趋势。

我国在生态护岸方面研究起步于20世纪90年代后期。受全球生态环境恶化加剧影响，我国开始重视在河道治理中保护河流生态系统，着手研究在工程建设中应用生态修复技术实现河道生态系统的保护。陶思明[6] 提出红树林具有护岸减灾和保护生物多样性的功能。2001年，季永兴等[7] 提出了对城市河道整治坡面采用生态护坡结构的初步设想。2003年，浙江省全面启动了以“水清、流畅、岸绿、景美”为总目标的“万里清水河道建设”工程。2004年，夏继红等[8] 将GIS技术应用于生态护岸的统筹规划、优化设计、监控管理和综合评估中，提高设计管理效率，减少施工的生态干扰，为方案选择提供科学评判依据。2005年，李影等[9] 从柳树在河流护岸、护底两方面来论述柳树在河流防护工程中的应用，将柳树这种天然材料与混凝土、石块等材料结合使用，再造河流的自然生态环境。2007年，王艳颖等[10] 系统地研究了木栅栏砾石笼生态护岸的技术要求和生态效果，验证了其在林庄港河生态系统的改善和修复中具有良好的效果。2007年之后进入中级阶段，随着河水黑臭情况的改善，滨水景观的设置成为可能，水生态修复开始提上日程。董哲仁教授的《生态水利工程原理与技术》《生态水工学探索》等专著大大推动了我国河流生态治理工作。这一阶段软质护坡的种类增多，专用材料开始在工厂生产，有的规划设计单位开始重视生物多样性和生物栖息地的营造。水生态系统保护和修复试点工作在多地开展，上海、浙江、江苏和广东等经济发达地区和中西部部分中心城市在国家水利专项等重大科技项目支持下开展生态护坡治理示范工程。2008年，黄岳文等[11] 介绍了荣勋砌块及其生态挡墙技术，较现有技术有显著的进步，离缝砌筑形成的生态孔在生态性、景观性和便于攀爬方面具有明显的优势。2008年，赫晓磊[12] 对山丘区生态河道设计方法进行了研究。2010年，王英华等[13] 介绍了新农村河道生态护岸形式及选用。2012年，常羽萌[14] 总结出滞洪区特殊区域内护岸工程设计的特点和原则，详细阐述了生态护岸如何从材料、外形及技术路线上满足滞洪区护岸的防洪功能和在外形上的需求。2013年，邢振贤等[15] 使用生态混凝土护岸在花园口黄河南岸进行试验，发现生态混凝土板块阻止了雨水对岸坡的冲蚀，砖砌体挡墙和堆石阻止了河水对岸坡的冲刷和淘洗，下坡面铺设的土工布防止了退水引起的管涌和流土破坏，起到了保护堤防安全稳定的工程效果；草皮栽种2个月后生长茂密，基本覆盖了堤防坡面，形成了绿色植被，达到了绿化岸坡、生态护坡的工程效果。2014 年 5 月水利部下发《关于加强中小河流治理项目质量管理工作的意见》，强调“中小河流治理方案应尊重自然规律，充分考虑河流生态保护要求”“河道堤岸防护应尽可能采取生物措施，采用有利于保护河流生态的护岸形式，避免过度硬化、渠化河道”。显然，我国河流生态治理及生态护岸建设正处于迈向高级阶段的途中，但路途还较遥远。2016 年，崔巍等[16] 总结了我国生态护岸建设相关规程的制定状况，具体分析了生态格网、土工合成材料、生态混凝土等生态护岸材料在产品标准、设计规程、工程管理等方面存在的问题；阐述了生态护岸植被建设存在的护岸植物品种及群落结构单一，植被选取缺少调查与论证，护岸植被类型未能与河道特点和护岸功能相适应等问题；从生态护岸技术标准制定、生态护岸植物名录制定、传统硬质护岸改造三个方面给出了我国河流生态护岸建设的建议。近年来，我国的生态护岸建设依靠借鉴国外相关技术和开展自我探索，将生态理念融入河岸护岸工程，提出了一系列的生态护岸形式，同时对河道生态护岸的建成后期适应性、环境效益评估方法、部分材料的性能与技术指标开展了一系列研究与测试，已取得了较好的效果。

目前，国内外最常见的护岸形式主要可以分为三大类：①单纯的植被护岸，即利用植被根系固土，保护岸坡；②植被护岸与工程措施相结合，如通过土工网、生态混凝土现浇网格等方式；③生态材料护岸，如利用石笼结构护岸或生态混凝土护岸等。

新型生态护岸技术种类繁多，施工工艺和适用条件各不相同，直接复制国内外案例，将其应用于河流治理显然存在偏差，科学性和适用性也有待商榷。在工程实际应用中，曾出现多次盲目选择生态护岸类型导致河道在一场洪水过后出现大面积坍塌的实例。目前，系统介绍和总结生态护岸技术在河流治理中应用的相关成果较少，给河流生态治理工作造成很大的阻力。

1.3　传统护岸与生态护岸对河流的影响

1.3.1　传统护岸对河流的影响分析

我国河流众多，为保障人民的生命财产安全及河流的航运能力等，从古至今，我国修筑了一系列的堤防、护岸工程，但河流受人为干扰严重，在传统治河理念及认识的影响下，以往大多采用传统的治理手段（将河流直线化和用硬质化包裹河道等）对河流进行治理，这些传统的河道护岸工程往往更侧重于耐用性和安全性。施工时，选用浆砌块石及混凝土预制块、现浇混凝土等硬质材料对河岸进行加固，这些透水性较弱的护岸形式阻隔了水生生态系统与陆地生态系统相互之间的联系，忽视了河流的生态健康功能以及动植物的生存环境，打破了河岸带动植物的生态平衡，使河流廊道的完整性、连通性遭到严重破坏，不利于整个生态系统的稳定和生态环境的可持续发展。硬质护岸在外观上也比较单调生硬，多数情况下与周边的景观不协调，与目前保护生态环境的发展趋势相违背，同时也使人类难以接近河流，河流文化得不到更好的传承。

传统护岸对河流生态的影响主要表现在以下 5 个方面[17]：①河流变为简单的硬化防洪渠道；②河流变为城乡村生活污水的下水道；③河流变为居民生活垃圾的垃圾场；④河流变为人们的交易市场；⑤河流变得难以接近，文化不能得到传承。具体示例如图 1.3－1 和图 1.3－2 所示。

图 1.3－1　河流变为防洪渠道

图 1.3－2　河流变为垃圾场

传统硬质护岸在河道防洪方面发挥了重要作用，为沿河乡村和城市建设提供了相对安全的发展空间及生活环境，同时还可降低土壤侵蚀和水土流失。在早期河道治理中，受经济相对落后和生态理念不足的限制，传统硬质护岸形式具有时代特征和不可替代的地位。然而，随着河道水环境不断恶化、生态问题逐渐凸显、人们对秀美乡村、美好生活深切向往，传统硬质护岸形式已不能满足维持人水和谐发展及保护水自然清洁等绿色生态的新要求。传统护岸对河流的影响主要包括以下几个方面：

（1）自然景观影响。虽然走向笔直、断面整齐的河流具有一定的景观功能，但是这与人文景观和自然生态的现代化发展存在较大差异。不透水挡土墙和坚硬护岸对自然景观造成的破坏将难以恢复。

（2）生活环境影响。在水环境中各种添加剂的化学反应、挡土墙及护岸的碳化反应等均可对水质和水环境产生不利影响；坚硬的护岸阻断了地下水源的自然补给，加之垃圾的倾倒和各种污水的排放，对生态环境的修复产生不利影响并严重威胁着人类的生存环境，特别是在枯水期往往存在河水恶臭刺鼻的问题。所以，人类的生存环境受传统护岸结构的负面影响明显。

（3）生态环境影响。封闭型坡面为传统河道护岸的常见模式，该模式破坏了生态系统的完整性和健康性，尤其是生态系统的基本功能，即水系统与陆地之间的物质循环、能量交换、信息传递、生物产出，不利于物种多样性保护和河流自净能力的提升。另外，硬质坡面不利于各类水生植物的生长，水生植物的生存环境遭到破坏，由此阻断了水系统的良性循环，河流生态环境惨遭破坏。

1.3.2 生态护岸对河流的影响分析

生态护岸是利用植物或者植物与土木工程相结合的一类新型护岸形式，它有助于河流水质的改善和水生动植物栖息地的营造，恢复河岸植被，提高河道净化能力。生态河流治理示例如图 1.3－3 和图 1.3－4 所示。

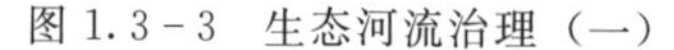

图 1.3－3 生态河流治理（一）

图 1.3－4 生态河流治理（二）

生态护岸对河流的影响主要包括以下几个方面：

（1）滞洪补枯、调节水位。生态护岸采用自然材料，形成一种“可渗性”界面，丰水期河水向河岸带地下水层渗透储存，缓解洪灾；枯水期地下水反渗入河，补给河道水量。另外，生态护岸种植的植物也具有涵蓄水分的作用。

（2）增强水体自净能力。通过修复河流生态系统，促进有机污染物的分解、转换进程，增强水体自净能力，改善河流水质；另外，生态护岸修建的各种鱼槽、孔洞结构可形成不同的流速带，一方面可形成水体紊流，提升水体含氧量；另一方面可加快潜流交换速率，促进水体净化。

（3）促进河流生物栖息。生态护岸把滨水区植被与河内植物连成一体，构成一个完整的河流生态系统；生态护岸高孔隙率的结构为大型底栖无脊椎动物、鱼类等水生动物和两栖类动物提供了栖息、繁衍和避难的场所；生态护岸生长的植被不仅为陆地昆虫、鸟等提供觅食、繁衍的场所，而且浸入水中的柳枝、根系还为鱼类等水生动物产卵、幼鱼避难、觅食提供了场所，掉落的枝叶、昆虫等还可为水中动物提供食物。生态护岸有利于促进河流生物活动，形成一个水陆复合型生物共生的生态系统。

（4）提升水文化水景观。生态护岸可形成与周围环境相协调的河道景观，通过建立和保护丰富的河流生态系统，形成河水清澈见底、鱼虾洄游、水草茂盛的自然生态景观，有利于提升河流水文化水景观。

第2章 典型生态护岸技术概述与应用特点评价

为贯彻落实绿色发展理念，恢复农村河湖基本功能，修复河道空间形态，提升河湖水环境质量，增强农村群众的获得感、幸福感、安全感，促进乡村全面振兴，避免或减少传统硬质水利工程护岸对河湖水生态系统产生负面影响，采用生态护岸形式对河湖进行治理的观念已经成为主流。目前生态护岸形式多样，其技术特性和适用条件不同，各种河流类型的水流特性、地形地质条件、所在流域的水文条件不同，对生态护岸类型的选择提出了一定要求，如何选择适宜的生态护岸形式成为一个需要思考的问题。

本章从取材方便程度、景观效果及技术应用情况等方面考虑，按照直立式生态护岸形式、斜坡式生态护坡形式和新型生态护岸技术分类，选择了16种生态护岸（坡）形式，从结构特性、经济性和生态性方面进行分析。

2.1 典型生态护岸概述

2.1.1 直立式生态护岸

2.1.1.1 松木桩护岸

松木桩护岸[18] 是一种较传统的护岸形式，采用符合规格要求的松木桩原木并排打入河岸土中，用来固定不稳定的土质河岸，改善坡度，防止水土流失。同时，创造利于植物生长的环境，可在平面上实现曲线流畅的景观效果。松木桩护岸常形成排挡结构，高度设置在常水位以下，桩顶种植挺水植物，两岸适当搭配乔木、灌木、植草等护岸，阻挡冲刷和侵蚀，所种植被则提供观赏性。此类护岸开挖量小、施工简便，属于传统的环境友好型护岸，工程完工后陡峭岸坡土体也变得稳定，但运用木材较多，耐久性和抗冲刷性较差，长期浸入水中的木桩使用寿命短，后期修复工作复杂，因此，此类护岸多用于水位相对稳定的河湖段自然型河岸的生态修复。

常用的松木桩护岸技术类型包括单排松木桩护岸、多排松木桩护岸、松木桩＋堆石护岸、松木桩＋堆石＋植物护岸等，根据河流水力条件、河岸地质情况、选材难易程度等综合因素选择相应的技术。图 2.1－1 为松木桩＋堆石护岸示例。

2.1.1.2　石笼护岸

石笼[19-22] 是一种全渗透性的结构，可以使水和土壤实现地表—地下水的自然交换，增强水体的自净能力，从而达到生态效果。另外，在绿化效果上，石笼挡墙及岸上可以直接进行绿化处理。钢丝石笼是一种柔性结构，可以适应岸坡的变形而不损坏，适用于稳定性差、岸边流速大等河岸边坡。钢丝石笼由抗老化、高强度、具有延展性、包覆聚氯乙烯的钢丝，通过机械绞合编织成多绞六角形网箱，装满石材形成自透水、柔性、生态保护结构。石笼护岸用途广泛，柔性结构能适应地基的变化，比刚性结构有更好的安全性及稳定性，在保持岸坡生态功能方面同样能发挥良好作用；另外，还具有造价低、完整性强、渗透性强、抗冲刷等优点。局部护岸破坏后需要及时补救，以免内部石材泄漏，影响岸坡的稳定性。

常用的石笼护岸技术类型包括格宾石笼挡墙护岸、格宾石笼挡墙＋植物护岸、格宾石笼挡墙＋生态连锁块护岸等，根据河流水力条件、河岸地质情况、选材难易程度等综合因素选择相应的技术。图 2.1－2 为格宾石笼挡墙护岸示例。

图 2.1－1　松木桩＋堆石护岸

图 2.1－2　格宾石笼挡墙护岸

另外，石笼还可以用于斜坡式生态护岸，如雷诺护垫生态护坡。与格宾石笼挡墙护岸不同的是，雷诺护垫是将填充块石的石笼覆于坡面，起到保护岸坡的作用。

2.1.1.3　生态砌块护岸

生态砌块[23-28] 由一种纵向带有卡锁装置的实心混凝土砌块干砌形成，砌筑时通过砌块独特的榫槽结构使砌块间互相卡锁、整体联锁，或者通过插销棒使竖直向上的砌块相互连接。自挡土结构可以离缝砌筑，所形成的生态孔洞可种植花草，满足绿化生态需要。生态砌块挡墙具有自挡土功能，一般无须采取反滤措施，可降低造价、简化施工、提高工效。它具有以下优点：限制砌块之间的竖向运动，任一砌块都不容易向上或向下脱开，保证了路面、岸坡、河床的平整稳定；不容易被水流冲刷破坏；当用于江、河、海岸的护岸时，比平面式砌块更能够有效地抵抗波浪冲击力和波浪浮托力，可以适应坡度的连续变化；同层相邻砌块的间距可灵活变化，从而形成大小不同的孔洞，满足多种变化的美观需要，这些孔洞还可为植物提供生存空间，满足绿化生态需要。另外，生态砌块护岸形式还具有结构简单、铺砌方便、有利于缩短工期、降低劳动强度等优点，还可根据岸坡设计坡度灵活选择砌块型号，从而实现斜坡式护岸的要求（当用于斜坡式防护时，也可称为生态砌块护坡）。图2.1-3为自卡锁式生态砌块挡墙护岸示例。

图2.1-3 自卡锁式生态砌块挡墙护岸

2.1.2 斜坡式生态护岸技术

2.1.2.1 干砌块石护坡

干砌块石护坡[29-31] 是一种传统的护坡形式，利用一些质地相对坚硬又具备一定级配的块石铺设，属于干砌石护坡的一种。根据所选用的石料形状、尺寸的不同，干砌石常分为干砌粗料石、干砌块石和干砌毛石三种。从石料规格上干砌粗料石对石料要求最高，干砌块石次之，干砌毛石最低。由于后两种形式石料易于获得，工程造价相对较低，水利工程中多采用这两种护砌形式。常用的干砌石护坡技术类型包括干砌毛石护坡、干砌块石护坡，本书选择干砌块石护坡进行介绍和分析。在铺设块石时，要运用错位砌筑的方式，以保证不留缝隙，确保砌筑块石的紧密性，不可存在架空的情况，避免块石之间出现松动现象。结束施工后，在坡脚位置向着坡顶方向进行面层块石的相关砌筑。另外，进行砌筑块石时，首先要确保块石底部的稳定性，同时还要保证面层结构的平整性。干砌块石护坡用材简单、单一，造价较低，施工简单，与自然协调性较好，具有一定的生态性，在河湖护岸（坡）治理中应用较多。图2.1-4为干砌块石护坡示例。

2.1.2.2 植物护坡

植物护坡[32-35] 是从河道的坡脚到坡顶，依次分区域运用沉水植物、挺水植物、湿生草本植物或灌木形成层次分明的自然型生态护坡。该类护坡主要依靠植物根系的水文效应减缓水流冲刷作用。工程实践证明，植物护坡抵抗水流冲刷的性能比较差，因此多用于河道流速小于1m/s、两岸土体较稳定且坡度小于1∶2.5的边坡。一般平原地区中小河流以及公园湖泊常用此类护坡。在河道治理中，植物护坡一般很少单独使用，常与其他护岸（坡）技术联合使用。图2.1-5为植物护坡示例。

图2.1-4　干砌块石护坡

图2.1-5　植物护坡

2.1.2.3　生态袋护坡

生态袋护坡[36-42]技术结合了土工合成材料应用技术、传统植被护坡技术和边坡治理加固工程技术等，主要由生态袋、连接扣、植被三个核心要素及其他辅助材料组合而成。植被生长和植被作用是生态袋护坡技术中最核心的特点。生态袋中装含腐殖质的土体，主要为植物提供生长所需营养。植物根系穿透生态袋，延伸到坡体内部，对坡体具有深根锚固和浅根加筋作用，从而增强岸坡稳定性，并将生态系统与岸坡牢固地联系在一起，构筑一个集生态、环境、工程于一体的岸坡防护结构。常用的生态袋护坡技术类型包括堆叠加固法生态袋护坡和长袋锚固法生态袋护坡两种，在实际工程应用中应根据原始边坡土质情况、岸坡高度等因素选择相应的技术。图2.1-6为生态袋护坡示例。

2.1.2.4　生态混凝土护坡

生态混凝土[43-49]又称多孔性混凝土，这种植草性混凝土在实现安全防护的同时可以实现生态种植，由多孔性混凝土、保水材料、缓释肥料和表层土组成。它具有以下特性：①高强度，材料本身具有与普通混凝土相同的强度；②类似于“沙琪玛”的独特骨架结构，具有更多的孔，可以为植物的渗透生长提供条件。生态混凝土护坡施工简单，抗冲洗，透水性强，保水性好，可为植物生长提供基质，为动物和微生物提供繁殖地。但生物体恢复缓慢，需要做降碱量处理，如果降减量问题处理不好，会影响植物的生长，因此，与其他类型的护岸（坡）相比，该类护坡的保养维护成本偏高。

常用生态混凝土护坡技术类型包括固脚+生态混凝土护坡、直立式挡墙+生态混凝土护坡等，其中，直立式挡墙可视情况选择浆砌石或混凝土挡墙、其他生态挡墙，在实际工程应用中应根据河流水力条件、河岸地质情况、造价等综合因素选择相应的技术。图 2.1-7 为生态混凝土护坡示例。

图 2.1-6 生态袋护坡

图 2.1-7 生态混凝土护坡

2.1.2.5 生态连锁块护坡

生态连锁块护坡[50-53] 是一种利用混凝土块体保护土壤减少水流侵蚀的连锁式护面结构，连锁块间互相紧紧锁住，起到紧贴坡面保护坡坡土的作用。连锁块护坡具有较好的整体稳定性，高开孔率可以降低坡面附近河道水流的流速，减少冲刷破坏，同时也起到渗水和排水的作用；另外，它有利于水生植物生根以及水生动物繁殖和栖息。连锁块的大小和形状均适合人工铺设，施工简单便捷。相较于传统的预制混凝土六角块护坡技术，生态连锁块护坡可生长植物，不阻隔河岸带与河流间的水陆交换，具有较好的生态性和景观性。

常用的生态连锁块护坡技术类型包括直立式挡墙+生态连锁块护坡、固脚+生态连锁块护坡等，其中，直立式挡墙可视情况选择浆砌石或混凝土挡墙、其他生态挡墙，在实际工程应用中应根据河流水力条件、河岸地质情况、造价等综合因素选择相应的技术。图 2.1-8 为生态连锁块护坡示例。

图 2.1-8 生态连锁块护坡

2.1.2.6 人工纤维草垫护坡

人工纤维草垫护坡[54-58] 是利用活性植物并结合土工合成材料等，在坡面构建一个具有自身生长能力的防护系统，通过植物的生长对岸坡进行加固的一种护坡形式。根据岸坡地形地貌、土质和区域气候的特点，在岸坡表面覆盖一层土工合成材料，并按一定的组合与间距种植多种植物，通过植物的生长活动达到根系加筋、茎叶防冲蚀的目的。经过生态岸坡技术处理，可在坡面形成茂密的植被覆盖，在表土层形成盘根错节的根系，有效抑制暴雨径流对边坡的侵蚀，增加土体的抗剪强度，减小孔隙水压力和土体自重力，大幅度提高岸坡的稳定性和抗冲刷能力。

人工纤维草垫护坡根据材料的不同可分为椰网纤维植生毯护坡、三维立体加固毯护坡、加筋麦克垫护坡等。常用的人工纤维草垫护坡技术类型包括直立式挡墙＋人工纤维草垫护坡、固脚＋人工纤维草垫护坡等，其中，直立式挡墙可视情况选择浆砌石或混凝土挡墙、其他生态挡墙，在实际工程应用中应根据河流水力条件、河岸地质情况、造价等综合因素选择相应的技术。

2.1.2.7 混凝土框格草皮护坡

混凝土框格草皮护坡[59-60] 是由现浇混凝土或装配式预制框格混凝土在坡面形成格室，在格室内铺设草皮或人工纤维草垫或栽种植物、喷洒草种等的一种岸坡防护措施。该护坡方式既能增强坡面的稳定性，稳定坡面土层减轻水土流失，又能提高草皮成活率，使坡面保持一定的平整度。该护坡技术使用的混凝土材料较少，草皮覆盖率高，成本低、施工简单、生态性好，较植物护坡或草皮护坡的稳定性更佳，在工程设计中应用较多，但抗冲性一般，在水流较平缓的平原型河流或公园湖泊中应用较多。

混凝土框格可采用现浇、预制混凝土或钢筋混凝土等组成方形、菱形、拱形、波浪形、“人”字形等几何图形。常用的混凝土框格草皮护坡技术类型包括直立式挡墙＋混凝土框格草皮护坡、固脚＋混凝土框格草皮护坡等，其中，直立式挡墙可视情况选择浆砌石或混凝土挡墙、其他生态挡墙，在实际工程应用中应根据河流水力条件、河岸地质情况、造价等综合因素选择相应的技术。

2.1.2.8 空心混凝土预制块护坡

空心混凝土预制块护坡[61-62] 同混凝土预制块一样，常用于河道缓坡护坡，是采用特定模具预制的一种混凝土块，空心混凝土预制块特有的中空结构使其具有较高的开孔率，有利于渗水、排水以及植物的生长，具有一定的生态绿色效果。空心混凝土预制块护坡受水流冲刷的稳定性相对较差，一般与浆砌石或混凝土挡墙结合设计，即常水位以下采用硬质挡墙，常水位以上采用空心混凝土预制块护坡，其施工简单，造价相对较低，在水流较平缓的平原型河流或公园湖泊中应用较多。

常用的空心混凝土预制块护坡技术类型包括直立式挡墙＋空心混凝土预制块护坡、固脚＋空心混凝土预制块护坡等，其中，直立式挡墙可视情况选择浆砌石或混凝土挡墙、其他生态挡墙，在实际工程应用中应根据河流水力条件、河岸地质情况、选材难易程度等综合因素选择相应的技术。图2.1-9为空心混凝土预制块护坡示例。

图2.1-9 空心混凝土预制块护坡

2.1.2.9 阶梯式挡墙护坡

阶梯式挡墙护坡[63-66] 墙体结构材料可采用钢筋混凝土、混凝土、仿古砖砌等，墙体之间的空隙采用开挖料填充，表层可种植植被。由于该护坡技术利用大体积箱式混凝土结构的重力维持结构稳定，护坡整体稳定性和抗冲性较好，且护坡的多孔性及透水性利于水中生物筑巢及生长，绿化与景观效果较好，满足生态、环保的要求；它不仅结合了传统挡墙稳定与安全的优点，且具备了生态与景观的要求，在须满足防洪兼景观、生态功能的城区河道中应用较多。

2.1.2.10 聚氨酯碎石护坡

聚氨酯碎石护坡[67-70] 是利用聚氨酯的物理力学及黏结性能，将碎石块强化整合为一个坚固、稳定、开放的整体结构，具有高强度和高孔隙度，能减弱冲击护坡的能量，降低波浪对护坡的危害；耐久性强，耐高低温，耐紫外线。聚氨酯碎石护坡是一种开放多孔的结构，孔隙率为40%～50%，聚氨酯不但增加碎石的防护强度，还可使水中的泥沙、微生物等沉淀在碎石中间，有利于生态环境的改善，能给底栖生物、水生植物提供栖息地，水流经过聚氨酯碎石的孔隙时，提高水中溶解氧的含量。该护坡技术具有施工便捷、缩短工期、成型快、养护时间短、易修复等优点，但植被绿化效果一般，植被覆绿周期长，透水性相对其他生态护坡技术偏弱，生态性优势不明显。

聚氨酯碎石护坡成型后坡面平整度高，生态性和外观性好。聚氨酯碎石护坡常用技术类型包括固脚＋聚氨酯碎石护坡、直立式挡墙＋聚氨酯碎石护坡等，其中，直立式挡墙可视情况选择浆砌石或混凝土挡墙、其他生态挡墙，在实际工程应用中应根据河流水力条件、河岸地质情况、造价等综合因素选择相应的技术。

2.1.2.11 土工格室护坡

土工格室[71-76] 是一种新型的高强度土工合成材料，将强化的高密度聚乙烯（HDPE）片材经高强力超声波焊接而成的一种三维网状格室结构。土工格室有较强的耐腐蚀性、耐老化性，且具有抗拉伸性能好、焊接强度高等特点，能够承受一定的动、静荷载和循环荷载。土工格室可伸缩自如，运输可折叠，施工时张拉成网状，展开呈蜂窝状的立体网格，并用U形钉将其固定在坡面上，在格室内填入泥土、碎石、混凝土等松散物料，构成具有强大侧向限制和大刚度的结构体。土工格室的框格对其内的土体具有束缚作用，将坡体表面一定深度的土体分隔开来，分别约束在土工格室框格内。与此同时，通过土工格室将坡体表层的土体有机地联系在一起形成一个整体。土工格室适用于河道缓坡表土稳定与保护工程，也可用于解决陡坡土体稳固问题，适用范围较广，护坡绿化效果较好，施工简单，造价相对较低，但不适合流速较大的山区型河道。

土工格室护坡常用技术类型包括固脚＋土工格室护坡、直立式挡墙＋土工格室护坡等，其中，直立式挡墙可视情况选择浆砌石或混凝土挡墙、其他生态挡墙，在实际工程应用中应根据河流水力条件、河岸地质情况、造价等综合因素选择相应的技术。图 2.1－10 为土工格室护坡示例。

图 2.1－10 土工格室护坡

2.1.3 新型生态护岸技术

2.1.3.1 反砌法生态挡墙护岸

反砌法生态挡墙护岸[77] 是一种利用生态混凝土作为胶结材料，将块石砌筑于河岸，通过胶凝力、摩擦力和材料自重力保持结构稳定的一种护岸形式。

该结构形式利用块石反砌于生态混凝土层表面，使凸出墙面的相邻石块间形成生态槽，为水生动物提供栖息、产卵场所，槽中生长的植物也可绿化墙体，同时形成凹凸有致的墙面景观；挡墙整体透水性强，利于河水侧向交换，具有较强的生态功能，且无须另设排水设施；另外，挡墙后设置的蓄水槽可将雨水积蓄起来，利于干旱缺水时浇灌墙面植草，提升墙面植物的存活率。

此种新型护岸技术已于 2022 年 10 月 28 日获得专利授权（一种反砌法生态挡墙，专利号 CN202221667887.6）。发明提出的生态挡墙取材方便、造价低廉、施工简单，外观自然生态，与周围景观协调性强，应用前景广泛。图 2.1－11 和图 2.1－12 为反砌块（卵）石挡墙示例。

2.1.3.2 硬质护岸生态化改造

硬质护岸生态化改造[78-85] 是一种采取智慧浇灌和水体交换一体化系统、生态改造坡面等方法对混凝土、浆砌石等硬质护岸进行生态化改造的技术。

图 2.1-11 反砌块石挡墙（一）

图 2.1-12 反砌卵石挡墙（二）

该技术由原护岸结构、生态化改造坡面、供电系统、智慧浇灌与水体交换一体化系统、储水井、透水路面等组成，其坡面形式包括直立式挡墙和斜面式护坡两种。该护岸由护岸基础、原硬质护岸、雷诺护垫、生态袋等组成，雷诺护垫外表面种植水生植物，生态袋外表面种植有耐旱耐淹绿植；雷诺护垫外表面和生态袋外表面形成生态化改造坡面。

此种新型护岸生态化改造技术已于2022年10月28日获得国家实用新型专利授权（一种硬质护岸工程的岸坡生态化改造结构，专利号CN202221667721.4）。该技术无须拆除原有的护岸基础及护岸，施工难度低、建设成本低、工程量小、施工周期短，不仅能起到岸坡表面绿化的效果，还具有抗冲性良好、后期维护成本低等优点。

智慧浇灌系统可向河道内排水和抽水，在实现保护岸坡稳定、储水井自动补水功能的基础上，较其他通过坡面挂绿的方式实现岸坡生态改造的技术而言，实现了河流地表水与河岸带地下水之间水体和物质的直接交换，是真正意义上的生态化改造。生态挡墙取材方便、施工简单，外观自然生态，与周围景观协调性强，应用前景十分广泛。

2.2 各类生态护岸的技术特点

2.2.1 直立式生态护岸

2.2.1.1 松木桩护岸

本节选择松木桩＋堆石＋植物护岸复合型护岸技术进行分析。

松木桩＋堆石＋植物护岸复合型护岸技术包括：在河流边坡陡峭、原岸坡结构不稳的河岸侧选用松木桩对岸坡进行加固，防止水土流失、岸坡失稳；在松木桩背水侧利用块石填筑置换原有的土方，进一步加固木桩及岸坡，同时提高护岸的抗冲刷能力，实现护岸的防洪功能；在块石与松木桩缝隙间扦插当地柳条等根系发达、分蘖力强的植物，增强植被恢复效果。这种护岸技术借鉴了日本北上川河流修复工程中的一项治理思路，即河道的主体设计选取相对较耐腐蚀的松木桩，设想木桩在经历若干年彻底腐烂后，虽然其护岸功能结束，但腐烂掉的木桩可为河流提供大量的有机质，而此时扦插在河岸上的柳条已发育成灌木丛，其根系与抛石耦合成近自然的生态护岸结构。另外，木桩和石块间的多孔隙结构大大提高了河岸带的渗透特性，增强了河水与地下水的侧向交换强度，也使河道与周边自然环境更加和谐，增强河道的视觉美感。其典型设计结构示意图见图 2.2-1 和图 2.2-2。

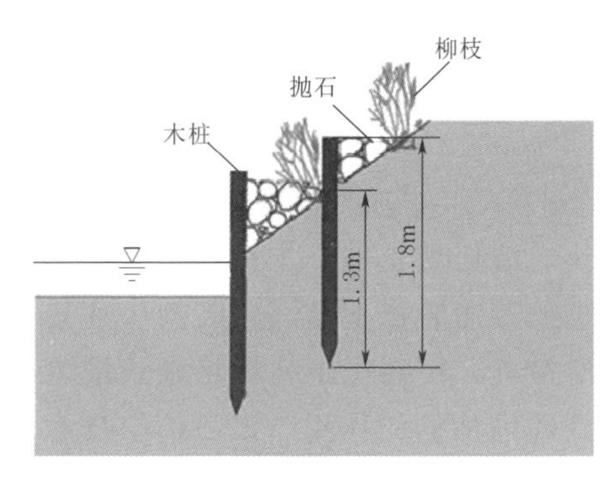

图 2.2-1 双排木桩工程结构剖面图

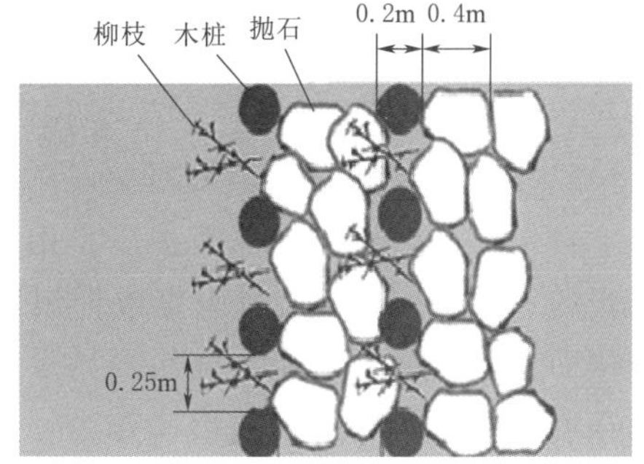

图 2.2-2 双排木桩工程结构平面图

其施工工艺包括：基准线定位和施工测量→土方开挖→打入木桩→木桩岸线矫正→块石砌筑→扦插柳条。

2.2.1.2 石笼护岸

本节选择格宾石笼挡墙护岸技术进行分析。

格宾石笼挡墙护岸技术包括：在河流原岸坡结构不稳、冲刷较严重的河岸侧选用格宾石笼挡墙对岸坡进行加固，提高护岸的防洪功能；格宾石笼利用格宾网将石料装配成箱体结构，逐层堆叠成阶梯状重力式挡墙结构，利用自身重力保持墙体稳定，同时，石笼的强透水性保留了河流与河岸带间的水土交换功能，具有良好的生态性；在石笼与岸侧土体交界处铺设反滤土工布，防止土体流失；在具体设计中，还应考虑一定的基础埋深以及两侧嵌入岸坡的入土长度，增强格宾石笼挡墙的整体稳定性。其典型设计结构示意图见图 2.2-3 和图 2.2-4。

其施工工艺包括：基准线定位和施工测量→基础开挖→清基→格宾石笼组装、摆放→石料填充→格宾石笼网盖板绞合→墙后铺设土工布→回填土压实。

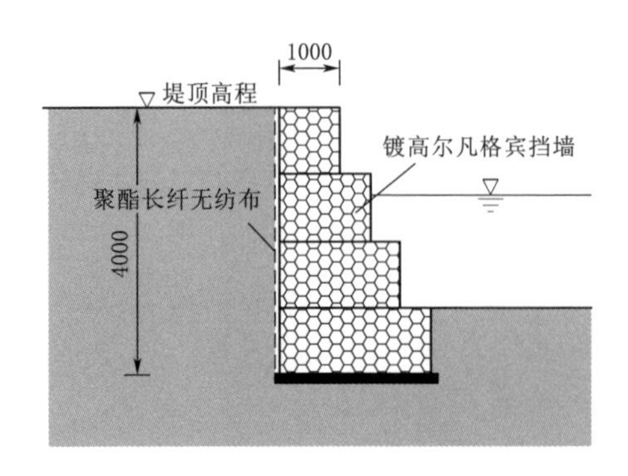

图 2.2-3 格宾石笼挡墙护岸工程结构剖面图（单位：mm）

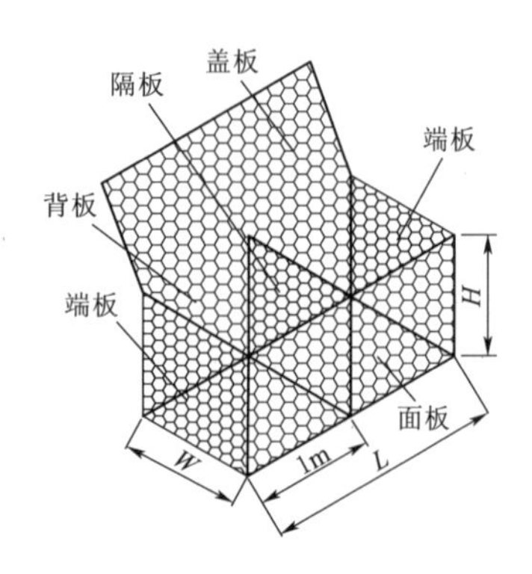

图 2.2-4 格宾石笼网构件部件图

2.2.1.3 生态砌块护岸

1. 自卡锁式生态砌块挡墙护岸

自卡锁式生态砌块挡墙护岸是由砌块、墙后填土和土工格栅结合，形成稳定的、具有一定高度（垂直或仰斜）的生态加筋挡土墙，它因砌块独特的结构而具有自挡土功能，且无须另设反滤措施；使用土工格栅将砌块堆砌成的挡墙与背后的填土之间形成拉力，起到锚固加筋的作用。该类护岸技术包括：挡墙下垫混凝土基础，基础顶端设齿墙，10m设置一道沉降缝，基础前用抛石作为防冲护脚；挡墙底部后设一定高度的30cm厚级配碎石层，其余部分回填亚黏土，要求距砌块背部回填土密实度不小于91%；挡墙设土工格栅作为加筋材料，格栅入土长度根据开挖对原状土的扰动情况作适当调整；挡墙顶用混凝土压顶；砌块逐层堆叠，砌块空隙间可种植水生植物。这种护岸技术利用预制的混凝土砌块、土工格栅及填土形成的一种柔性挡墙结构，具有自挡土的独特功能，且无须另设排水孔，可实现全墙面溢排水；砌块离缝砌筑形成的竖缝和外斜缝构成的生态孔洞结构给动植物提供了良好的生长环境；自卡锁结构使挡墙成为一种柔性结构，可适应墙体自身变形以及地基不均匀沉降造成的变形；绿化效果良好。其典型结构设计图见图 2.2-5。

其施工工艺包括：浇筑混凝土基础→安装基础砌块→逐层安装主砌块→铺设土工格栅→填土压实（分层）→砌筑压顶砌块→立面绿化与养护。

2. 插销式生态砌块挡墙护岸

插销式生态砌块挡墙护岸与自卡锁式相似，是由砌块、墙后填土和土工格栅结合，形成稳定的具有一定高度（垂直或仰斜）的生态加筋挡土墙，它利用插销棒将砌块连接，使用土工格栅将砌块堆砌成的挡墙与背后的填土之

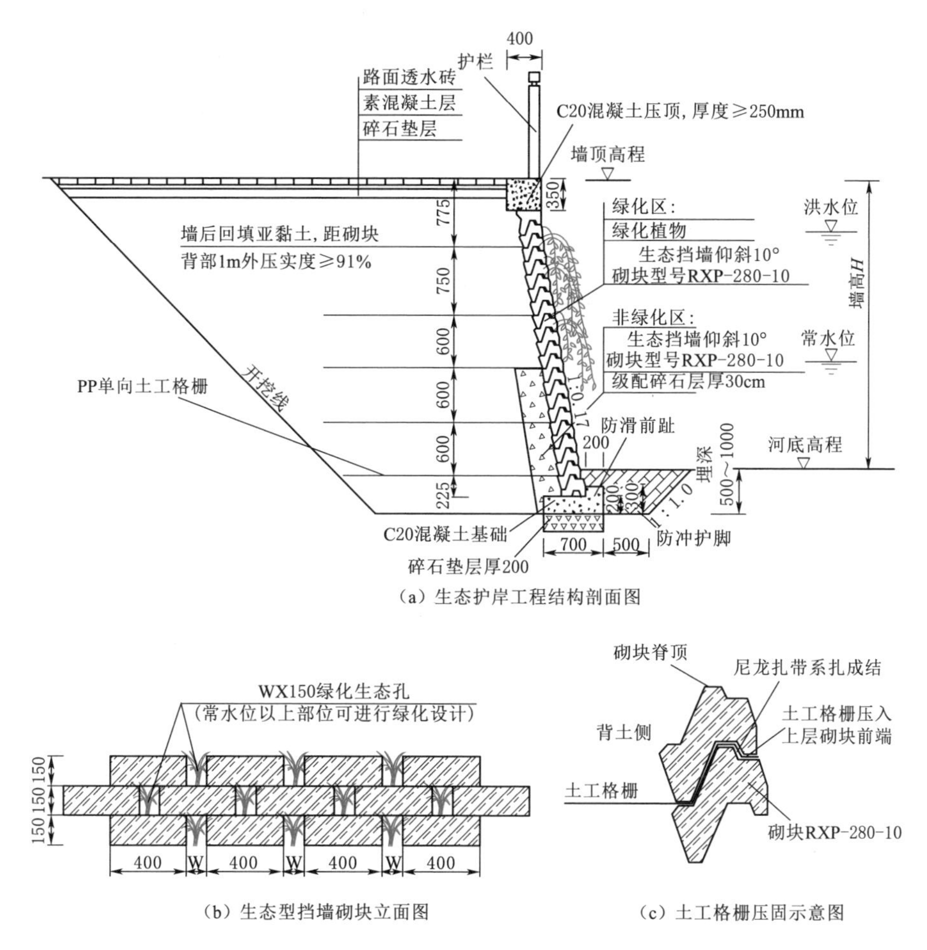

(a) 生态护岸工程结构剖面图

(b) 生态型挡墙砌块立面图

(c) 土工格栅压固示意图

图 2.2-5 自卡锁式生态砌块挡墙护岸典型结构设计图（单位：mm）

间形成拉力，起到锚固加筋的作用。该类护岸技术包括：采用砌块堆叠而成，相邻砌块间用插销棒连接，砌块与背部回填土间填筑 30cm 厚的级配碎石，挡墙砌块设多层土工格栅作为加筋材料，格栅入土长度根据开挖对原状土的扰动情况作适当调整，各层格栅间需铺放土工布；挡墙顶采用混凝土压顶，挡墙底采用混凝土基础，基础顶端设齿墙，基础前用抛石作为防冲护脚。挡墙砌块和混凝土块空隙间可种植水生植物，护坡顶端用混凝土压顶。其典型结构设计图见图 2.2-6。

这种护岸技术利用预制的混凝土砌块（带插销棒）、土工格栅、土工布、级配碎石层及填土形成的一种柔性挡墙结构，与自卡锁式生态砌块挡墙相比，除砌块间连接方式不同外，采用了碎石层和土工布反滤，采用的土工格栅为纤维造材料（自卡锁式采用的是 PP 或钢塑类格栅）。该类挡墙形式需另设排

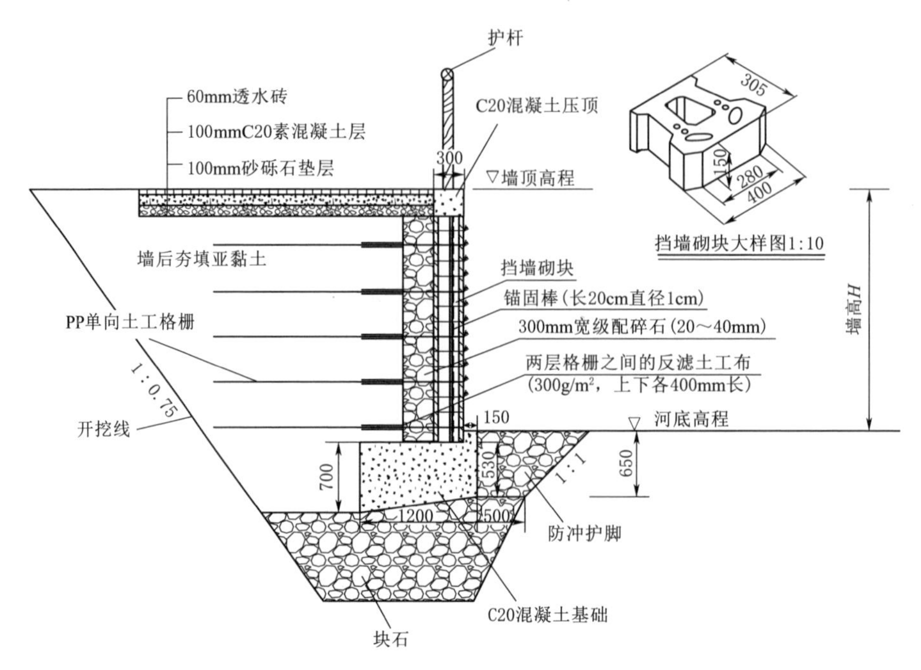

图 2.2-6 插销式生态砌块挡墙护岸典型结构设计图（单位：mm）

水管实现墙体排水；其生态孔洞为相邻砌块围成的鱼巢结构，给动植物提供了一定的生长空间；插销式结构使挡墙成为一种柔性结构，可适应地基不均匀沉降变形；绿化效果良好。

其施工工艺包括：浇筑混凝土基础→铺设级配碎石→逐层安装主砌块→铺设土工布→铺设土工格栅→安装插销棒→填土压实（分层）→砌筑压顶砌块→立面绿化与养护。

2.2.2 斜坡式生态护岸技术

2.2.2.1 干砌块石护坡

干砌块石护坡技术包括：在无水流冲刷时可保持自身稳定的岸坡侧干砌块石，防止岸坡受水流冲刷、失稳，此类岸坡常为缓坡，坡比一般不大于1∶2.0；为保证砌石体表面平整，应先将土质边坡进行整平，并铺设砂卵石垫层；根据块石具有的松散性特征，常在坡脚设置固脚体（固脚体可采用抛石、浆砌石、混凝土等材料），在坡顶设置压顶梁（压顶梁常采用浆砌石、混凝土等）。其典型结构设计图见图 2.2-7 和图 2.2-8。

其施工工艺包括：基准线定位和施工测量→清杂清表→坡面整平压实→固脚体的实施→垫层设置→块石砌筑→压顶梁设置。

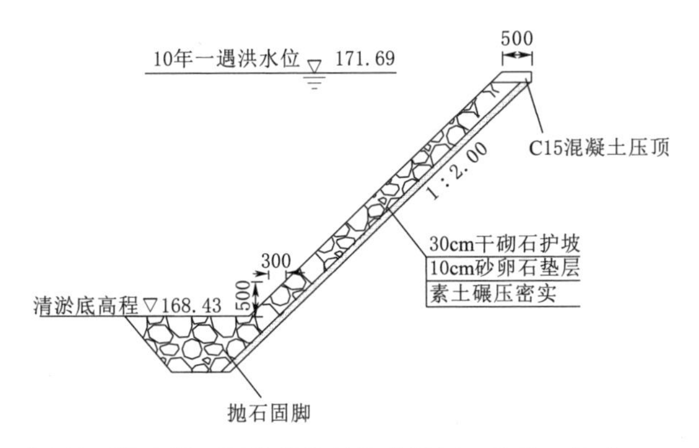

图 2.2-7 干砌块石护岸抛石固脚护坡结构设计图（单位：尺寸，mm；高程，m）

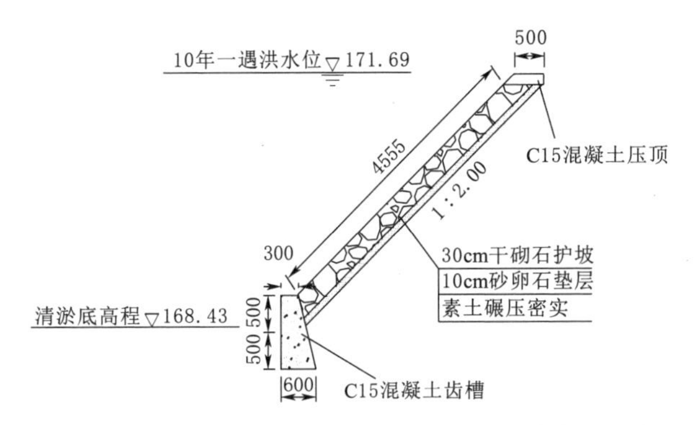

图 2.2-8 干砌块石护岸混凝土齿槽固脚护坡结构设计图（单位：尺寸，mm；高程，m）

2.2.2.2 植物护坡

本节对草皮护坡技术进行分析。

植物通过根系在土体中穿插、缠绕、网络、固结，加固土壤形成紧密层，锚固岸坡增加了土壤滑动阻力，从而有效地提高土壤的抗水流侵蚀性能，除具有增强土壤抗冲性、防治层状面蚀和河岸侧蚀等作用外，还具有稳定斜坡、控制重力侵蚀、浅层滑坡和崩塌等作用。植物护坡技术包括：坡脚采用格宾石笼、浆砌石挡墙、混凝土挡墙等进行固脚；根据土层性质，修整后岸坡坡比应符合 1∶1.5～1∶1.2，且处于自然稳定状态；坡面选种适宜的植被类型进行防护；坡顶设混凝土压顶。其典型结构设计图见图 2.2-9。

植物护坡的施工工艺包括：坡面平整→基础开挖、护脚→添加营养层→坡面植被、草料种植→养护。

2.2.2.3 生态袋护坡

本节选择应用更为广泛的堆叠法生态袋护坡进行分析。

堆叠法生态袋护坡是在具有自然稳定坡度的原岸坡基础上堆叠生态袋进

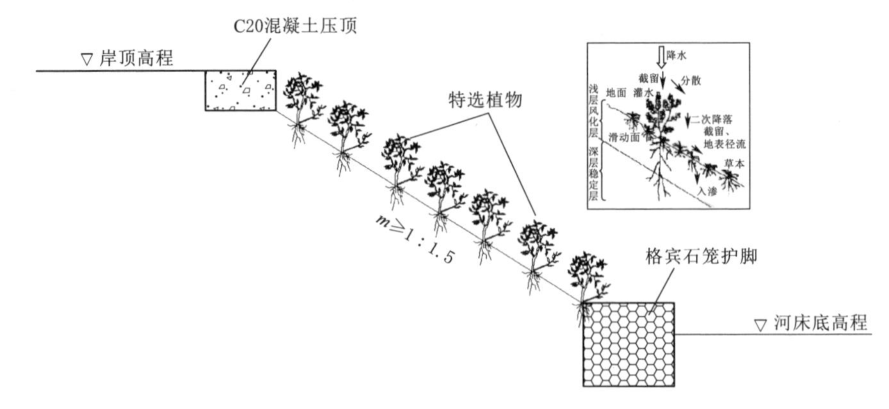

图 2.2-9 植物护坡典型结构设计图

行防护，它是由多个袋体（短袋）堆叠连接加固，袋体之间设置加固层，加固层采用连接扣和金字塔黏合剂使各生态袋体形成一体，生态袋墙体整体受力。该类护坡技术包括：根据岸坡地质勘察资料，将岸坡开挖至能够保持自然稳定的坡度；在坡脚设置基础，保护坡脚稳定；坡脚以上堆叠生态袋至坡顶，并在坡顶设置混凝土压顶。其典型结构设计图见图 2.2-10。

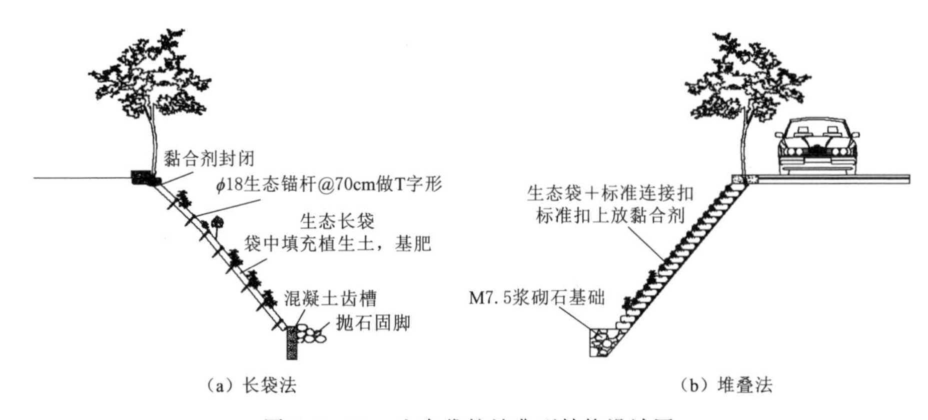

图 2.2-10 生态袋护坡典型结构设计图

其施工工艺包括：岸坡修整→基础开挖与建设→生态袋装土封装→底部基础层安装施工→中上部生态袋安装施工→封顶与压顶→排水系统设置→植物种植与养护。其中，植物种植方法主要包括喷播、撒播、铺草皮、直栽、压播、装袋等，一般采用喷播，草种可选单一草种或混合草种，配合灌木植被，形成生态坡面，完成后进行养护。植物种植完成后应迅即全坡面覆盖透水无纺布。

2.2.2.4 生态混凝土护坡

本节对固脚＋生态混凝土护坡技术进行分析。

生态混凝土是在保证混凝土牢固性的同时，加入相应的轻质多孔岩石或炉渣或陶粒等粗骨料、长效缓释肥料、保水材料、表层土等制作而成。同时，生态混凝土具有连续性多孔特点及良好的透水性，为植被附着和扎根提供载体。值得注意的是，植被不能覆盖生态混凝土表层时，容易引起波浪淘刷空隙土使表层水土流失。该类护坡技术包括：坡脚采用浆砌石、混凝土或格宾石笼材料进行护脚；坡面按一定间距设置混凝土框架，在框架内从上而下依次铺设生态混凝土、砂垫层、土工布；坡顶设混凝土压顶。其典型结构设计图见图 2.2-11。

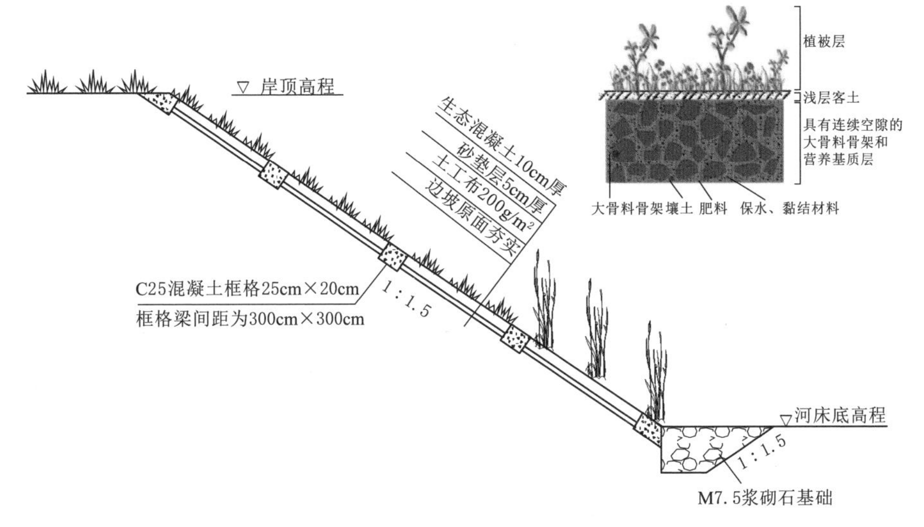

图 2.2-11 生态混凝土护坡典型结构设计图

其施工工艺包括：坡面清理→基础开挖、护脚→框格施工、铺设营养型无纺布→铺设生态混凝土→压顶→铺设营养土、种植土→坡面绿化与养护。

2.2.2.5 生态连锁块护坡

本节选择固脚+生态连锁块护坡技术进行分析。

固脚+生态连锁块护坡技术包括：根据原岸坡土层资料，将岸坡开挖至能够保持自然稳定的坡度；在坡脚设置固脚砌体，保护坡脚稳定；坡脚以上自下而上依次铺设土工布、安装生态连锁块，并利用锚固棒增加连锁块与原坡面间的连接作用，在坡顶设置混凝土压顶。这种护坡技术常用于易受水流侵蚀的土质边坡、易剥落的软质岩石边坡、周期性浸水及受水流冲刷较轻的河岸或水库岸坡的坡面防护，可相互连锁或嵌锁的大孔隙混凝土砌块既可以在土质岸坡表面形成一层防冲保护面，也能为坡面植被种植提供生长空间。其典型设计结构示意图详见图 2.2-12～图 2.2-15。

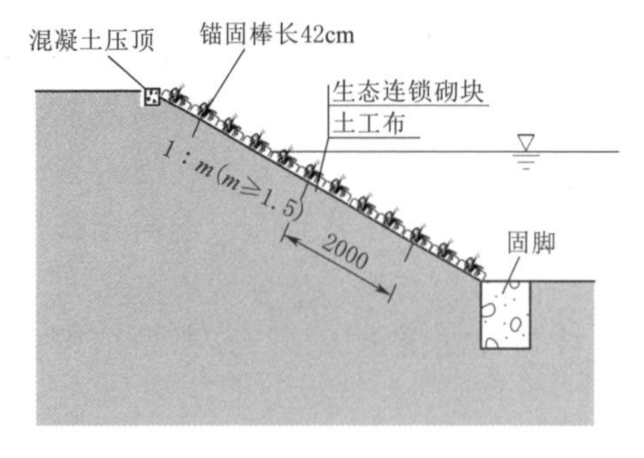

图 2.2－12　生态连锁块护坡工程结构剖面图（单位：mm）

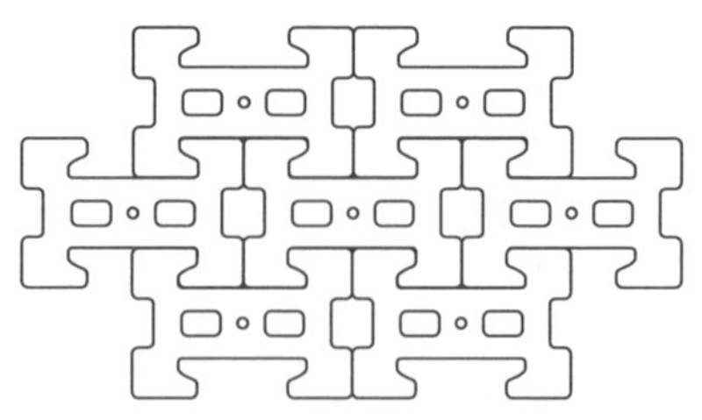

图 2.2－13　生态连锁块安装示意图

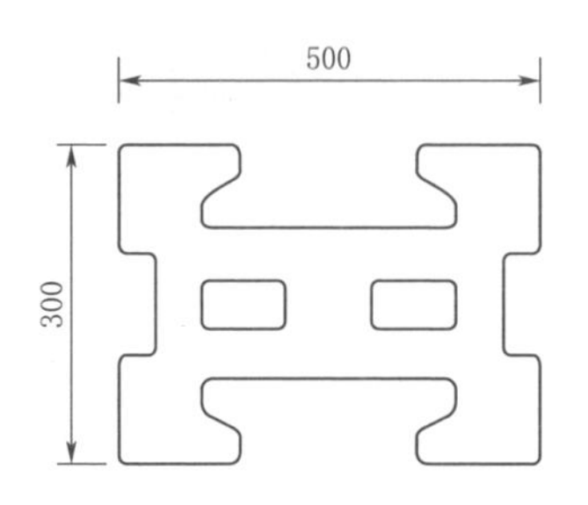

图 2.2－14　生态连锁块块体平面大样图（单位：mm）

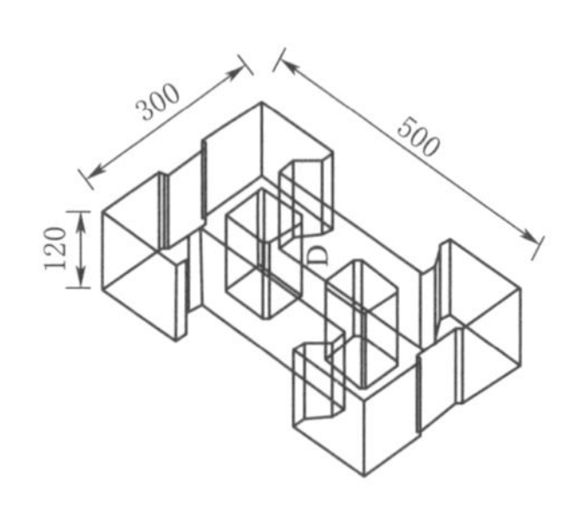

图 2.2－15　生态连锁块构件大样图（单位：mm）

其施工工艺包括：基准线定位和施工测量→坡面整平→基础开挖、护脚→垫层料铺设→连锁块铺设→压顶→坡面绿化与养护。

2.2.2.6　人工纤维草垫护坡

本节选择固脚＋加筋麦克垫护坡技术进行分析。

加筋麦克垫相较植物护坡而言，在原土质岸坡表面增设一层三维网，植物根系与土工合成材料相互耦合起锚固土壤的作用，利用钢丝对三维网起到加筋作用，增强其稳固性。固脚＋生态连锁块护坡技术包括：根据原岸坡土层资料，将岸坡开挖至能够保持自然稳定的坡度；在坡脚设置固脚砌体，保护坡脚稳定；坡脚以上自下而上依次铺设碎石或砂卵石垫层、铺设营养土、表层土，并利用铆钉或锚固棒增加加筋麦克垫与原坡面间的连接作用，在坡顶设置混凝土压顶，最后在坡面播种植物进行绿化。其典型设计结构与植物护坡无本质区别。

其施工工艺包括：基准线定位和施工测量→坡面整平→基础开挖、护脚→垫层料铺设→加筋麦克垫铺设、锚固→压顶→坡面绿化与养护。

2.2.2.7 混凝土框格草皮护坡

本节选择固脚＋混凝土框格草皮护坡技术进行分析。

混凝土框格草皮护坡是将长且大的坡面，分割为由若干框架支撑的小块土坡，进行分而治之的有效措施。它具有防止坡面表土风化、加强风化层土体的支撑稳固作用。固脚＋混凝土框格草皮护坡技术包括：在坡脚设置固脚砌体，保护坡脚稳定；岸坡按照设计坡度整平后，坡脚以上按照设计的几何图形现浇或采用预制混凝土框格安装，在坡顶设置混凝土压顶，最后在框格内进行绿化。其典型结构设计图见图 2.2－16 和图 2.2－17。

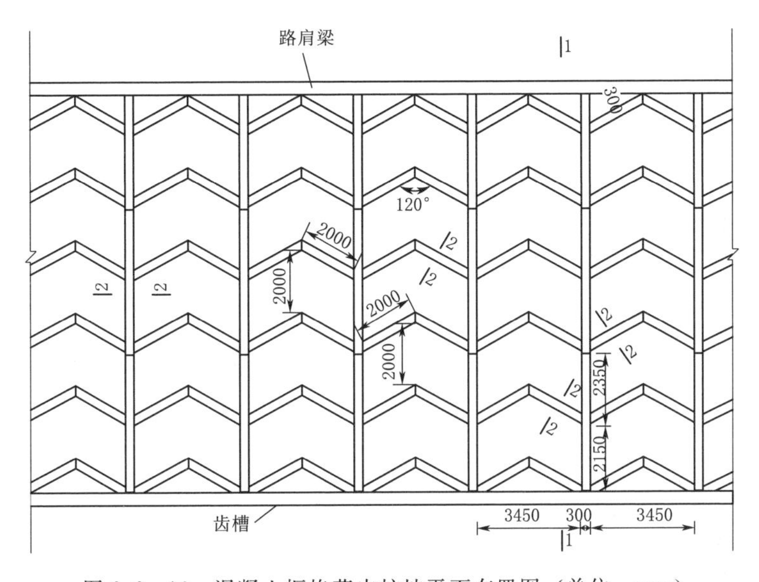

图 2.2－16　混凝土框格草皮护坡平面布置图（单位：mm）

其施工工艺包括：边坡平整→基础开挖、护脚→基槽开挖→框体砌筑→压顶→植草→养护。

2.2.2.8 空心混凝土预制块护坡

本节选择固脚＋空心混凝土预制块护坡技术进行分析。

固脚＋空心混凝土预制块护坡技术与固脚＋生态连锁块护坡技术基本一致，主要包括：根据原岸坡土层资料，将岸坡开挖至能够保持自然稳定的坡度；在坡脚设置固脚砌体，保护坡脚稳定；坡脚以上自下而上依次铺设土工布、砂垫层、空心混凝土预制块，在坡顶设置混凝土压顶，之后覆土并绿化。这种护坡技术常用于在河湖边坡较缓及水流较平缓且不常行洪的平原型河流。其典型结构设计示意图见图 2.2－18。

其施工工艺包括：基准线定位和施工测量→坡面整平→固脚砌筑→土工布、垫层料铺设→空心块铺设→压顶→草皮（草籽）种植与养护。

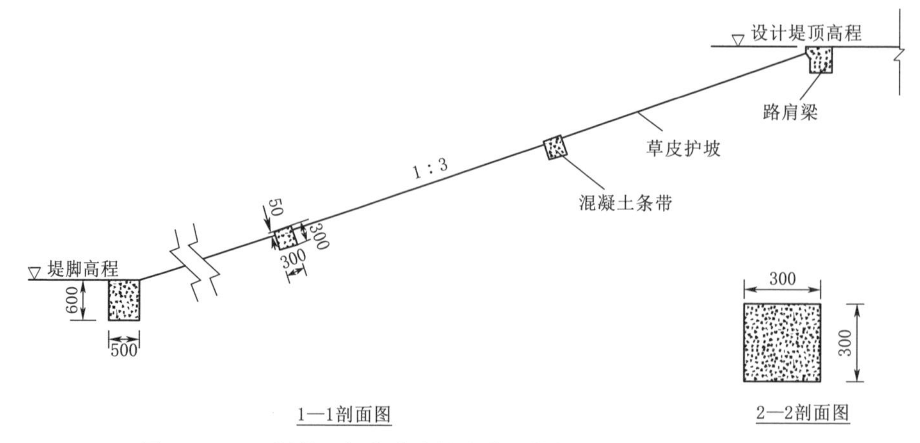

图 2.2-17 混凝土框格草皮护坡典型结构设计图（单位：mm）

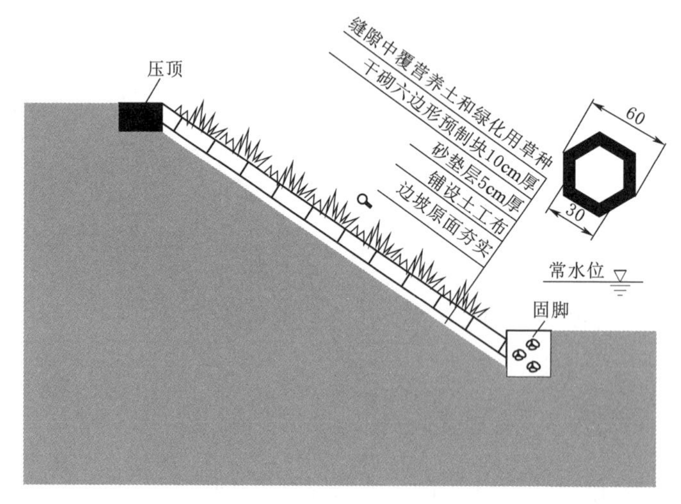

图 2.2-18 空心混凝土预制块护坡工程结构设计图（单位：mm）

2.2.2.9 阶梯式挡墙护坡

阶梯式挡墙[63-66] 经工厂标准化生产后运至工程现场拼装，挡墙墙体为大体积空心，下面对阶梯式挡墙护坡技术进行分析。

阶梯式挡墙护坡是由基础、挡墙砌块、墙内空腔填土结合而成，形成稳定的具有一定高度的生态阶梯式挡土墙，它因砌块独特的结构而具有自挡土功能，且无须另设反滤措施；主要由锚固棒的锚固作用、自身和填土的重力、相互之间的摩擦力维持稳定。该类护坡技术包括：挡墙下垫混凝土基础，基础顶端设齿墙，基础前用抛石作为防冲护脚；上、下层挡墙砌块间安装锚固棒；墙内空腔回填开挖料，上部采用种植土回填；挡墙顶部设压顶；墙面绿化种植。其典型结构设计图见图 2.2-19。

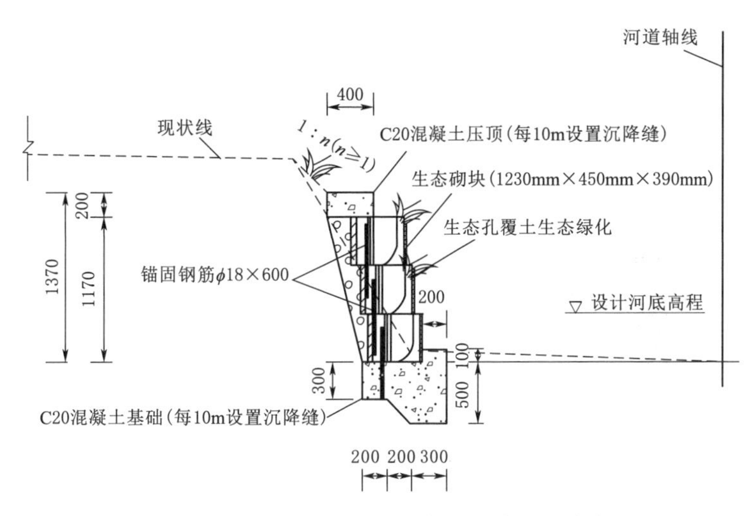

图 2.2-19 阶梯式挡墙护坡典型断面设计图（单位：mm）

其施工工艺包括：浇筑混凝土基础→安装砌块、锚固棒→回填开挖料及种植土→压顶→立面绿化与养护。

2.2.2.10 聚氨酯碎石护坡

本节对固脚+聚氨酯碎石护坡技术进行分析。

该护坡技术包括：坡脚采用浆砌石、混凝土或格宾石笼材料进行固脚；坡面按一定间距分缝，自下而上依次土工布、碎石垫层、铺设聚氨酯碎石；坡顶设压顶。其典型结构设计图见图 2.2-20。

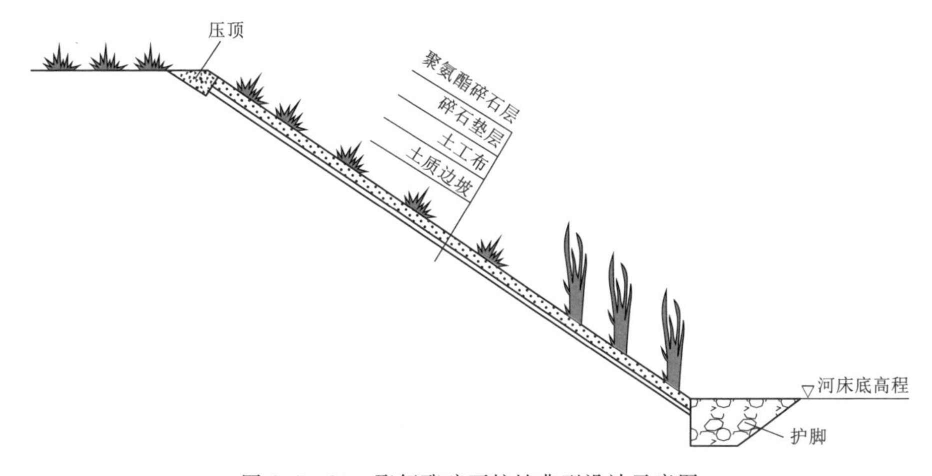

图 2.2-20 聚氨酯碎石护坡典型设计示意图

其施工工艺包括：坡面整平→铺设营养型无纺布→铺设平整碎石垫层→浇筑聚氨酯碎石→压顶→坡面绿化与养护。

2.2.2.11 土工格室护坡

本节选择固脚+土工格室护坡进行技术特性分析。

该护坡技术适用于河道缓坡表土稳定与保护工程，也可用于解决陡坡土体稳固问题，适用范围较广。在具体施工过程中，可根据不同边坡情况选择合适高度的格室。其典型结构设计图见图2.2-21。

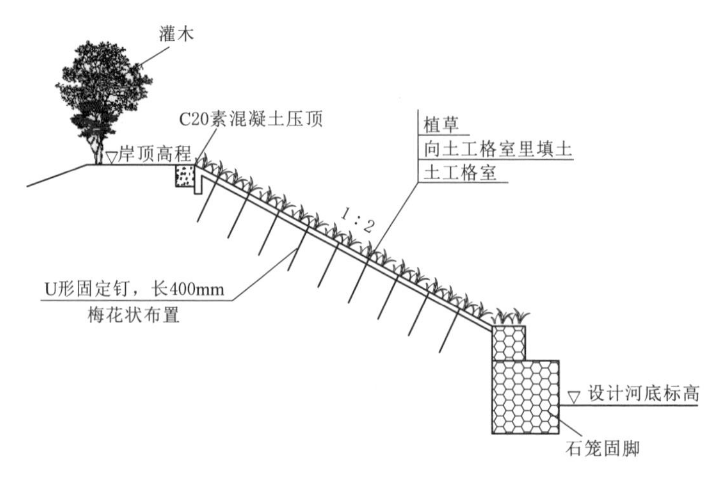

图2.2-21 土工格室护坡典型结构设计示意图

其施工工艺包括：坡面整平→排水设施施工→土工布铺设→土工格室铺设→锚固→种植土填装→草种种植和养护。

2.2.3 新型生态护岸技术

2.2.3.1 反砌法生态挡墙护岸

本节选择反砌块石护岸技术进行分析。

反砌块石护岸技术可用于河道边坡为坡度陡峭、原岸坡结构不稳的河岸侧对岸坡进行加固，防止水土流失、岸坡失稳。这类护岸形式因砌块独特的结构而具有自挡土功能，且无须另设反滤措施。

在生态混凝土层表面反砌块石，相邻石块间形成的生态槽可为水生动物提供栖息、产卵场所；槽中生长的植物也可绿化墙体，凹凸有致的墙面景观与自然景观相协调；挡墙整体透水性强，无须另设排水设施，且河流地表地下水侧向潜流交换；另外，挡墙后设置的蓄水槽存蓄雨水，利于干旱缺水时浇灌墙面，可提升墙面植物的存活率。

该结构由外置块石、生态混凝土层、干砌石挡墙、蓄水槽、水平输水管、坡面输水管、挡墙基础组成。其中，外置块石宜选用25～35cm块石，逐层砌筑于生态混凝土层表面，每层块石采用错缝法砌筑，同层相邻块石间距、每层块石间距及块石凸出墙面长度均应不少于10cm，即形成的生态槽为一个内空体积不小于0.01m³的空槽结构，外置块石应尽量垂直生态混凝土层坡面砌筑，使生态槽地面斜向右下侧，利用向生态槽中填充种植土或种植植物；生态混凝土层厚度建议厚度为30cm，粗骨料粒径宜选用0.3cm；生态混凝土层为干砌块石形成的梯形挡墙结构，顶宽大于0.3m，坡面坡度应大于1∶0.25，块石宜选用30～50cm块石；挡墙基础埋入河床深度不小于50cm，顶面应尽量保持平面，挡墙可采用浆砌石或混凝土材料砌筑；干砌石挡墙后为回填土，回填土开挖坡度不小于1∶0.75；蓄水槽为在回填土上部开挖形成的立方体空槽结构，槽四面及底面采用10cm厚混凝土浇筑而成，蓄水槽深度不小于0.5m，底面长、宽不小于0.5m，蓄水槽沿岸线方向每隔10cm设置，为防止蓄水槽发生沉降变形对挡墙稳定产生不利影响，蓄水槽近干砌石挡墙一面距离干砌石挡墙应不小于0.5m；相邻蓄水槽采用连通圆管1，圆管管径为10cm，可选用PVC管或不限于，圆管设置在沿岸线方向上的蓄水槽侧壁的底部；在相邻蓄水槽近顶面的侧壁上设置连通圆管2，连通圆管2与市政雨水收集管道连通，以便于将多余的雨水收集排放，当蓄水槽中的水面超过连通圆管2底部时，蓄水槽中的水自动通过连通圆管2排入雨水收集管道；连通圆管2与连通圆管1材料直径和材料相同，进水口安装滤网，防止树叶、块石等杂物随雨水流入后堵塞管道；蓄水槽顶部采用矩形铸铁井盖封闭，井盖布设槽孔，槽孔尽量密集，便于雨水流入，井盖顶部设有提手；蓄水槽底部设10cm厚混凝土垫层或砂卵石垫层；蓄水槽近干砌石挡墙一面的底部设有水平输水管，水平输水管进水口安装滤网，进水口后安装长柄蝴蝶阀，用于控制蓄水槽中的水进入水平输水管及坡面输水管进行灌溉，水平输水管安装高度不低于河道常水位；坡面输水管安装在生态混凝土层近干砌石挡墙部位，顺干砌石挡墙坡面安装，坡面输水管每间隔10cm设置滴灌头，当长柄蝴蝶阀打开时，蓄水槽中的水流入水平输水管后进入坡面输水管，通过滴灌头向生态混凝土层与外置块石间的生态槽中的植物输送水分；水平输水管与坡面输水管管径选用5cm，可选用PVC管。

当遭遇干旱少雨季节时，也可向蓄水槽内输水补充水量，利用坡面输水管的滴灌结构在给坡面植物输送水分的同时，也可大量节约用水。

其典型结构设计示意图见图2.2-22。

其施工工艺包括：基准线定位和施工测量→开挖边坡→开挖基槽、砌筑挡墙基础→逐层砌筑干砌石、生态混凝土层、外置块石→预埋水管→墙后填土夯实→蓄水槽砌筑→表层绿化与养护。

2.2.3.2 硬质护岸生态化改造

该改造技术基于原护岸结构的稳定性，所增加的荷载非常有限，基本

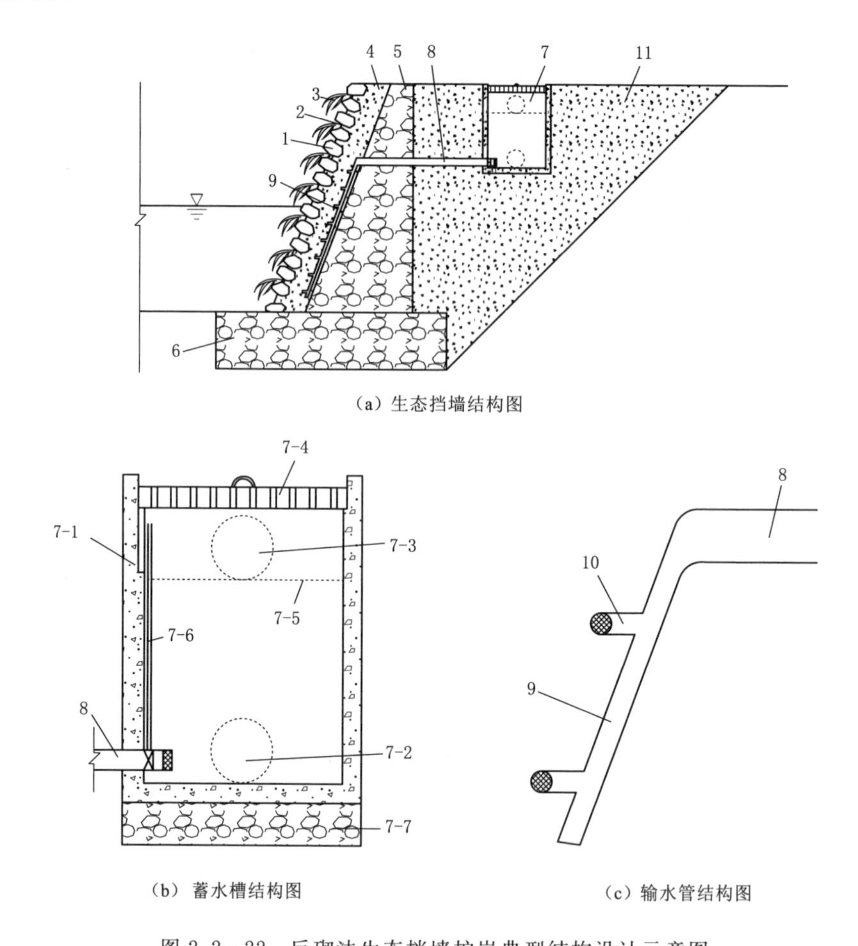

图 2.2-22 反砌法生态挡墙护岸典型结构设计示意图

1—外置块石；2—生态槽；3—绿植；4—生态混凝土层；5—干砌石挡墙；6—挡墙基础；7—蓄水槽；8—水平输水管；9—坡面输水管；10—滴灌头；11—回填土；7-1—混凝土壁；7-2—连通圆管1；7-3—连通圆管2；7-4—井盖；7-5—蓄水槽内最高蓄水位；7-6—长柄蝴蝶阀；7-7—垫层

不影响原护岸结构的稳定性。改造技术提出的方法包括原护岸结构、生态化改造坡面、供电系统、智慧浇灌与水体交换一体化系统、储水井、透水路面。

原护岸结构由传统护岸、护岸基础、填土组成；生态化改造坡面位于护岸基础上方，采用锚固棒将常水位以下的雷诺护垫和常水位以上的生态袋固定在传统护岸上，雷诺护垫底部位于护岸基础上方，锚固棒与传统护岸的坡面垂直安装，常水位以下坡面种植水生植物，常水位以上种植耐旱耐淹绿植。

供电系统位于原护岸结构顶部，由铁支架、光伏发电装置、蓄电池、混凝土底座组成，混凝土底座埋于填土上部土体中，光伏发电装置安装在铁支架上方，蓄电池固定在铁支架上，蓄电池为智慧浇灌与水体交换一体化系统提供电量，当其电量不足时由光伏发电装置补充供电。

智慧浇灌与水体交换一体化系统由正反转水泵、继电器、NodeMCU、水管、土壤湿度传感器、水位传感器、喷灌头组成；正反转水泵埋设于透水路面下方，可实现抽水和排水功能，当储水井内水深低于20cm时，水泵自动从河道抽水补充储水井内的水源，当储水井内的水深高于井深时，水泵自动排水至水深降至井深以下；储水井由填土下挖而成，由井壁、反滤土工布、透水井盖组成，透水路面由透水砖、细砂层、无纺土工布、碎石层由上至下铺设而成。

其典型结构设计示意图见图2.2-23。

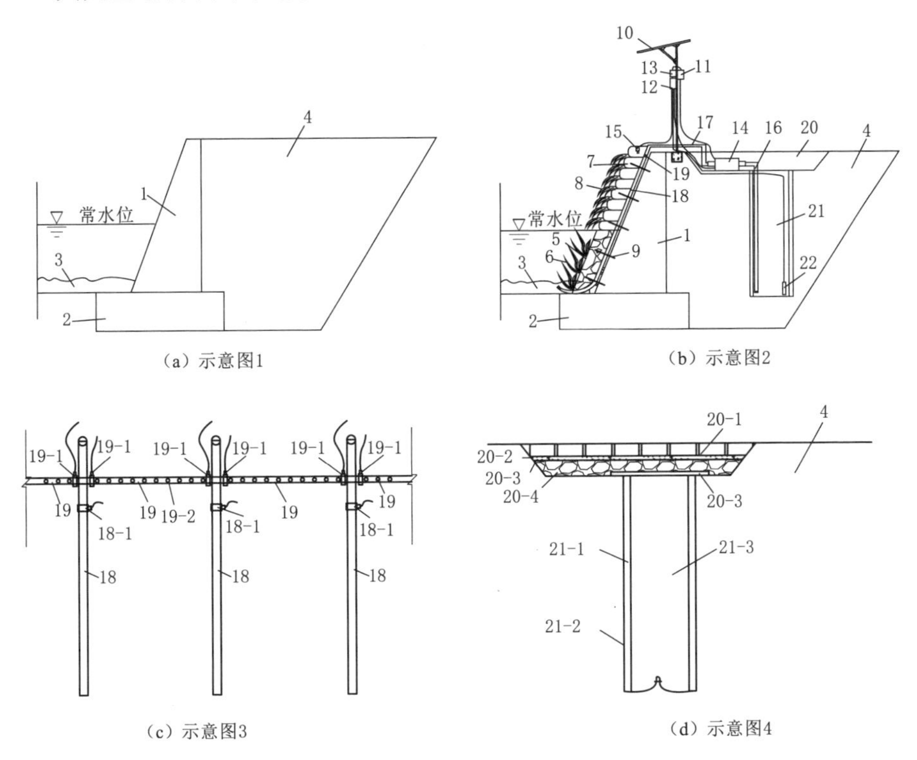

图2.2-23 硬质护岸生态化改造技术典型结构设计示意

1—传统护岸；2—护岸基础；3—河道淤泥层；4—填土；5—雷诺护垫；6—水生植物；7—生态袋；8—绿植；9—锚固棒；10—光伏发电装置；11—蓄电池；12—NodeMCU；13—继电器；14—正反转水泵；15—土壤湿度传感器；16—1号水管；17—2号水管；18—3号水管；19—4号水管；20—透水路面；21—储水井；22—水位传感器；18-1—1号电动球阀；19-1—2号电动球阀；19-2—喷灌头；20-1—透水砖；20-2—细砂层；20-3—无纺土工布；20-4—碎石层；21-1—井壁；21-2—反滤土工布；21-3—透水井盖

挡墙生态化改造具体施工过程较为简单，不影响原有护岸结构的稳定，破坏性小。其施工工艺包括：基准线定位和施工测量→锚杆埋设→储水井开挖衬护→光伏发电装置埋设→水泵安装及网管铺设→雷诺护垫铺设→生态袋埋设→绿植培育与养护。

2.3 各类生态护岸技术应用评价

下面主要从结构特性、经济性和生态性三个方面对16种生态护岸（坡）技术进行评价。

2.3.1 直立式生态护岸

2.3.1.1 松木桩护岸

1. 结构特性

松木桩＋堆石＋植物这种复合型护岸技术在结构设计上具有较好的安全性，利用松木桩固脚、块石护岸、植物根系进一步加固等技术手段使该护岸技术具有较好的抗冲刷能力和结构稳定性。但考虑松木桩遭遇洪水时受大流速水流冲刷影响大，这种护岸技术在松木桩出现破坏时容易造成岸坡失稳。

2. 经济性

松木桩＋堆石＋植物护岸技术选材均为当地材料，价格低廉；施工工序简单、工期短。因此，该护岸技术在经济性方面成本较少、造价较低。为便于与其他护岸形式进行经济性比较，统一考虑以岸顶到河床底为2.5m进行估算。根据《江西省水利水电建筑工程概算定额（试行）》（赣水建管字〔2006〕242号），采用2020年一季度价格水平计算该设计方案的造价，得出该护岸造价为673元/m。

3. 生态性

该护岸技术所用松木桩、块石及柳条均为原生态材料，松木桩可以为河流提供有机质，为水体及河岸带中的微生物提供营养物质；木桩和石块间的多孔隙结构为鱼、贝类以及一些大型底栖无脊椎动物提供栖息空间，同时这种结构的渗透性有利于增强河岸带的潜流交换作用，提高河流生态环境中的生物活跃度和水质净化能力；扦插的柳条成活后可以快速恢复植被，绿化河岸，柳树的根系可吸附土壤中的一些农药、化肥等污染物并进行分解、转化，同时为生态环境提供有机营养物。

2.3.1.2 石笼护岸

1. 结构特性

下面分别从结构柔韧性、结构整体性、结构抗冲与防浪能力、结构透水性和自排性四个方面对格宾石笼挡墙护岸的结构特性进行分析。

（1）结构柔韧性。格宾石笼挡墙护岸是由网片包裹填充石料而组成的柔性结构，构成网格的钢丝有一定的强度，不易被拉断，箱笼整体强度较高。低碳钢丝可承受适度的变形，可以将全部箱体连成整体，不需分缝，在受地基土沉陷或墙后土有小的变形影响时，结构能根据自身良好的延展性和柔韧性进行适应性微调，不会因不均匀沉陷而产生沉陷缝等，整体结构不会遭到破坏。

（2）结构整体性。格宾石笼的整体性较好，它是通过网片的紧密连接形成的一种蜂巢网格的双绞结构。单元箱网格与隔片之间采用同一种材料进行紧密绑扎，相邻箱笼之间使用同质材料进行绑扎连接形成一个整体，格宾石笼的拼装采取连续拼装连接，无伸缩缝或沉降缝等施工缝；即使在外力作用或其他突发情况下，格宾石笼中有一根网丝断裂或网格产生局部明显的变形，格宾石笼结构的整体性也不会遭到破坏。

（3）结构抗冲与防浪能力。格宾石笼抗冲能力较强，能承受较大的水流流速，且由于笼内填块石存在一定空隙，减小了浪压的冲击力；风浪、浪峰退下时，由于箱笼有空隙，破坏了风浪的真空吸力，又减小了对防护工程的破坏力度，加之整体结构可在风浪力作用时进行微调，避免了墙身出现裂缝的缺点。

（4）结构透水性和自排性。用块石笼叠砌成的挡土墙，由于网箱内的填充料为松散体，存在较多的孔隙，可以充分保证河岸与河流水体之间的水分交换和调节功能，滞洪补枯、调节水位，增强水体的自净能力。另外，网箱的孔隙有利于砌体后土壤中孔隙水的排出，从而减少墙体后的地下水压力，降低孔隙水压力对墙体的不利影响。同时，地表水如果渗入墙后土中，也可以通过砌体较快地排出，有效降低地下水位。

2. 经济性

格宾石笼网片一般采用抗腐蚀性强、耐磨性好且强度高的低碳钢丝，其使用寿命较长，若进行高分子防护处理可进一步提高使用寿命，网笼耐久性能较好，维护成本低。格宾石笼填充材料一般为卵石和块石，填充材料来源丰富，便于就地取材。格宾网箱可进行折叠运输，材料价格和运输费用较低，施工工艺简单，一般仅需人工进行石头摆放、箱网封口即可，无大型机械设备和特殊性施工要求。以岸顶到河床底为 2.5m 进行估算，根据《江西省水利水电建筑工程概算定额（试行）》（赣水建管字〔2006〕242 号），采用 2020 年一季度价格水平计算该设计方案的造价，得出该护岸造价为 1742 元/m。

3. 生态性

格宾石笼护岸的应用有利于改善河道生态自然环境，增加河流系统的生物多样性，提高植被覆盖率。格宾石笼在应用时，因填充石块之间具有一定的空隙，且在与土壤长期接触过程中会被土壤逐渐填满，植物会逐渐长出，实现工程措施和植物措施相结合，绿化美化景观，形成一个柔性整体护面，恢复建筑的自然生态。结构填充料之间的缝隙可保持土体与水体之间的自然交换功能，同时也利于植物的生长，可以为洪水期河道中的微生物、鱼类以及其他水生物提供一个优良生境，实现水土保持和自然生态环境的统一。

2.3.1.3　生态砌块护岸

1. 结构特性

采用预制的混凝土砌块堆砌形成墙体，利用背后填土和土工格栅形成的拉力使墙体更加稳定，砌块间形成的生态孔洞可生长植物，植物的根系延伸至墙厚土体中，起到进一步的加筋作用。另外，墙体的柔性结构可使其适应墙体及地基变形造成的不利情况，稳定安全性得到进一步提升。但其施工工序较复杂，人工砌筑不规范、背后填土碾压不密实、地基处理不符合设计要求等因素会造成挡墙局部发生破坏，而自卡锁式的挡墙一旦局部发生破坏，会造成大面积的垮塌，因此，该护岸技术对施工要求较高。

2. 经济性

自卡锁式生态砌块挡墙虽然所用混凝土材料较少，但生产砌块出厂单价偏高，另外，铺设土工格栅和墙体绿化产生的费用也使该类挡墙费用较高。因此，该护岸技术成本较高、造价较高。以岸顶到河床底为2.5m进行估算，根据《江西省水利水电建筑工程概算定额（试行）》（赣水建管字〔2006〕242号），采用2020年一季度价格水平计算该设计方案的造价，得出该护岸造价为2345元/m。经估算，插销式生态砌块挡墙护岸造价为2180元/m。

3. 生态性

自卡锁式生态砌块挡墙形成的生态孔洞在内外、左右、上下各方向互通，横向孔洞的界面尺寸大于165cm^2，纵向孔洞的尺寸大于3cm×5cm（宽×高），为水生动物提供了优越的生态环境；供植物生长的孔洞直接与土体连通，孔洞断面尺寸可满足直径小于11cm的花草和灌木生长，可供植物生长的孔洞率占墙面的25%，而且植物直接扎根于砌块背后的土体中，生长条件良好，绿化覆盖率可达100%。另外，多孔结构的墙体可实现落水人员的攀爬自救。综上，自卡锁式生态砌块挡墙护岸生态性良好。插销式生态砌块挡墙主要利用相邻砌块围成的鱼巢结构以及砌块间的缝隙为水生动植物提供一定的生存空间；砌块自身具有的孔洞结构使植物的根系有了较多的生长空间，但砌块间预留的缝隙较小，只能允许根茎较细的植物生长并穿过缝隙到墙外，绿化效果不如自卡锁式生态砌块挡墙。同样的，这种结构的墙体也可实现落水人员的攀爬自救。

2.3.2 斜坡式生态护岸技术

2.3.2.1 干砌块石护坡

1. 结构特性

干砌块石是依靠块石自重以及块石之间的摩擦力来维持其整体稳定的，在受水流冲刷时，块石的坚硬表面及块石间的多孔性使坡面具有较强的消浪作用和抗冲能力。若砌体发生局部移动或变形，将会导致整体破坏。边口部位是最易损坏的地方，所以封边工作十分重要。对护坡水下部分的封边，常采用大块石单层或双层干封边，然后将边外部分用黏土回填夯实；有时也可采用浆砌石进行封边。对护坡水上部的顶部封边，则常采用比较大的方正块石砌成40cm左右宽度的平台，平台后所留的空隙用黏土回填夯实。

2. 经济性

干砌块石就地取材，用材种类少，可节省大量的水泥、砂石等胶凝和砌筑材料，施工工艺简单，人工费相对较少，后期养护费用低，还可节省大量的运输费用，总体造价较低。以岸顶到河床底为2.5m进行估算，根据《江西省水利水电建筑工程概算定额（试行）》（赣水建管字〔2006〕242号），采用2020年一季度价格水平计算该设计方案的造价，得出该护坡造价约为560元/m。

3. 生态性

干砌块石从原材料上来说，是取于自然还于自然，无其他化学物质，人为干扰因素弱。石块间的多孔隙结构为鱼、贝类以及一些大型底栖无脊椎动物提供栖息空间，同时这种结构的渗透性有利于增强河岸带的潜流交换作用，提高河流生态环境中的生物活跃度和水质净化能力；块石间隙可自然生长出当地水陆生植物，长大后可以快速恢复植被，绿化河岸，同时可吸附土壤中的一些农药、化肥等污染物并进行分解、转化，为生态环境提供有机营养物。

2.3.2.2 植物护坡

1. 结构特性

作为一种近自然岸坡治理的护坡形式，植物护坡主要通过深根的锚固作用、浅根的加筋作用、降低坡面土体孔隙水压力及削弱溅蚀等方式实现护坡的功能。但其护坡效果与植物生长状况密切相关，草类植物栽种初期或植被覆盖率较小时易被雨水冲刷，保土性较差，同时抗水流、风浪冲刷能力有限，一旦固脚冲毁、破坏，植物护坡在水流及波浪的不断淘刷下易发生崩岸的情况。

2. 经济性

植物护坡用材种类少，施工工艺简单，工期短、工程量小，总体造价较低。以岸顶到河床底为 2.5m 进行估算，根据《江西省水利水电建筑工程概算定额（试行）》（赣水建管字〔2006〕242 号），采用 2020 年一季度价格水平计算该设计方案的造价，得出该护坡造价约为 110 元/m。

3. 生态性

植物护坡是一种近自然岸坡治理手段，选材较少，基本为天然材料，对原岸坡干扰较少，作为良好的水陆过渡地带，可保障河流水体与河岸带地下水自由交换；另外，植被在绿化、锚固岸坡的同时，也可以为水陆动物提供食物，生态性好。

2.3.2.3　生态袋护坡

1. 结构特性

堆叠法生态袋护坡是将填充满植生土的生态袋紧挨边坡排列并整平，以夯实机或其他工具压实，添加金字塔黏合剂，然后把连接扣横跨放于两生态袋之间，再叠放第二层金字塔生态袋，摇晃定位并整平压实，反复踩压使每个连接扣都穿透生态袋，从而达到互锁效果。用同样的方法重复安装，以此程序安装至设计高度。堆叠加固法边坡防护结构由于各生态袋间采用连接扣和金字塔黏合剂，生态袋体间形成一体，使整个生态袋坡体整体受力，且结构中的生态袋具有较强的抗拉拨能力及抗水流冲刷能力，当使用原始边坡稳定性、生态袋与边坡结合性较好时，生态袋坡体和原边坡就能形成稳固的结构，从而对岸坡起到防护及加固的作用。

2. 经济性

堆叠法生态袋护坡材料搬运轻便，施工设备简单，施工安全性高，施工速度快，施工简易，依据施工指南或技术人员的指导，即可顺利进行施工作业。因此，生态袋护坡主要成本集中在生态袋材料价格。以岸顶到河床底为 2.5m 进行估算，根据《江西省水利水电建筑工程概算定额（试行）》（赣水建管字〔2006〕242 号），采用 2020 年一季度价格水平计算该设计方案的造价，得出到该护坡造价为 1050 元/m。

3. 生态性

生态袋护坡技术形成的自然生态边坡，具有“透水不透土”的功能，坡面可以种植一种或多种植物，起到岸坡绿化、美化的作用。该护坡技术具有高孔隙率、高透水透气性，维持了水—土—植物—生物之间形成的物质和能量循环系统，为各类生物提供了栖息地，提升水体的自净能力，具有较好的生态效果。

2.3.2.4　生态混凝土护坡

1. 结构特性

生态混凝土同时具备混凝土材料的牢固性和多孔结构的透水性、植生性，这种结构特性使其具备较好的抗冲性和耐久性，抗冲性是混凝土的耐冲性与多孔构造进行水流消能的组合，耐久性是混凝土的耐久性与植被生长根系锚固的组合，因此，其透水性强，保水性好，可为植物生长提供优良基质。

2. 经济性

施工简单，硬化速度快；适宜现场浇筑和自然养护，适合斜面以及各种作业面的现浇施工，不需机械碾压设备，一般泥工工具抹敷即可。以岸顶到河床底为2.5m进行估算，根据《江西省水利水电建筑工程概算定额（试行）》（赣水建管字〔2006〕242号），采用2020年一季度价格水平计算该设计方案的造价，得出该护坡造价为1460元/m。

3. 生态性

生态混凝土是采用特殊级配的混凝土骨料加低碱性水泥等制成的具有一定孔隙率的块体，在保持传统混凝土强度特性的同时，能够生长植物，可使安全护砌与景观美化有机结合起来，再营造由水、草共同构成的水环境；还可降低护砌材料表面温度，增加护砌材料表面透水透气性，提高湿热交换能力，生态环境功能提升显著。

2.3.2.5 生态连锁块护坡

1. 结构特性

生态连锁块护坡抗冲刷能力强，规则的块型和科学的铺砌方式，使相邻砌块可以相互联结形成一层硬质保护层，在高速水流以及其他恶劣环境下能够保持完整的面层，有效抵御波浪和水流的冲击，保护下面的土体免遭侵蚀。

2. 经济性

生态连锁块护坡所使用的混凝土块可在预制场中进行大规模生产，降低成本的同时提高了质量，还便于运输。生态连锁块耐久性好，能够实现局部损坏局部维修，因此能极大减少后期的维护费用。该护坡技术施工方便快捷，一般仅需人工铺设即可。因此，该护坡技术在经济性方面成本较少、造价较低。以岸顶到河床底为2.5m进行估算，根据《江西省水利水电建筑工程概算定额（试行）》（赣水建管字〔2006〕242号），采用2020年一季度价格水平计算该设计方案的造价，得出该护坡造价为880元/m。

3. 生态性

生态连锁块留有孔洞，空隙率较高，给坡面提供透气和透水的便利，有利于解决坡面排水问题，同时在一定程度上留有水分，给植被提供水源，有利于植被生长。生态连锁块孔洞内种植花草形成植被屏障，有助于保持水土，对垃圾和有害物直接流入河道起到一定的阻滞和截留作用。生态连锁块护坡在美化环境的同时形成自然坡面，让植被、微生物和水生物能够生存，有利于改善生态环境。

2.3.2.6 人工纤维草垫护坡

1. 结构特性

加筋麦克垫护坡作用主要是通过它的三个主要构成部分来实现的：①植物的生长层（包括花被、叶鞘、叶片、茎），通过自身致密的覆盖防止边坡表层土壤直接遭受雨水的冲蚀，降低暴雨径流的冲刷能力和地表径流速度，从而减少土壤的流失；②腐殖质层（包括落叶层与根茎交界面），为边坡表层土壤提供了一个保护层；③根系层，这一部分对坡面的地表土壤加筋锚固，提供机械稳定作用。一般情况下，在植物生长初期，由于单株植物形成的根系只是松散地纠结在一起，根系长度及强度不够，易与土层分离，起不到保护作用。而加筋麦克垫正是从增强以上三个方面的作用效果来实现更好的浅层保护，①在一定的厚度范围内，增加其保护性能和机械稳定性能；②由于三维网的存在，植物的庞大根系与三维网的网筋连接在一起，形成一个板块结构（相当于边坡表层土壤加筋），从而增加防护层的抗张强度和抗剪强度，限制在冲蚀情况下引起的“逐渐破坏”（侵蚀作用会对单株植物直接造成破坏，随时间推移受损面积加大）现象的扩展，最终阻止边坡浅表层滑动和隆起的发生。

加筋麦克垫护坡技术综合了网垫和植物护坡的优点，起到了复合护坡的作用。坡面植被的覆盖率越高，承受雨水、河流冲刷的能力越强，能抵抗冲刷的径流流速为草皮护坡的2倍多。另外，网垫的存在，能够减少边坡土壤的水分蒸发和保留一部分水量，利于植被更好地生长。加筋麦克垫护坡效果与植物生长状况密切相关，在草类植物栽种初期或植被覆盖率较小时，网垫可以保护坡坡表面免受中小强度风雨的侵蚀，在播种初期还能起到稳固草籽的作用。由于其抗水流、风浪冲刷能力有限，要注意的是，项目实施早期若坡脚受水浪淘刷可能会引发崩岸的情况。

2. 经济性

加筋麦克垫护坡工艺简单，主材为加筋麦克垫材料和绿化种植两部分，加筋麦克垫根据厂家不同价格而有差别，需要市场询价，但总体而言两项主材价格相对较低，施工简单，工程量小。以岸顶到河床底为2.5m进行估算，根据《江西省水利水电建筑工程概算定额（试行）》（赣水建管字〔2006〕242号），采用2020年一季度价格水平计算该设计方案的造价，得出该护坡造价为420元/m。

3. 生态性

加筋麦克垫具有的多孔隙结构可以为植物生长提供额外的加筋作用，帮助土壤与植物之间形成一个近自然的生态体系。该护坡技术选材简单，对原岸坡干扰较少，作为良好的水陆过渡地带，可保障河流水体与河岸带地下水自由交换，而坡面植物也可以为水陆动物提供食物。另外，聚丙烯（PP）和聚乙烯（PE）降解型网垫，两年后在土中可不留痕迹，对环境无污染，生态性好。

2.3.2.7 混凝土框格草皮护坡

1. 结构特性

混凝土框格草皮护坡是将长并且大的坡面分割为由若干框架支撑的小块土坡，进行分而治之的有效措施，它具有防止坡面表土风化、加强风化层土体的支撑稳固作用。框格依靠胶凝材料的黏结力、摩擦力和本身重量保持稳定，必要时在框格间布设钢筋。框格形式主要有正方形、菱形、拱形、主肋加斜向横肋或波浪形横肋以及几种几何图形组合等。通过在框格内植草，利用植物深根的锚固作用、浅根的加筋作用、降低坡面土体孔隙水压力及削弱溅蚀等方式保护坡坡。混凝土框格草皮护坡与土工格室原理相同，相比土工格室，框格植草虽然施工更为复杂，但是更为美观。需要注意的是，应用于膨胀土岸坡防护时，框格最好采用预制混凝土框格，以免由于膨胀土胀缩变形破坏框格。

2. 经济性

混凝土框格工艺简单成熟，施工简单，其框格面积占坡面面积比例很低，框格式护坡较满铺式节省材料，框格内草皮护坡成本低，总体成本不高。以岸顶到河床底为 2.5m 进行估算，根据《江西省水利水电建筑工程概算定额（试行）》（赣水建管字〔2006〕242 号），采用 2020 年一季度价格水平计算该设计方案的造价，得出该护坡单价为 380 元/m。

3. 生态性

混凝土框格草皮护坡可将框格做成不同几何形状的组合，在框格内种植植物，绿白相间，形式美观。该护坡技术混凝土材料用料较少，对岸坡水土交换影响较小，基本保持了原自然岸坡的生态功能，生态性好。

2.3.2.8 空心混凝土预制块护坡

1. 结构特性

空心混凝土预制块护坡由预制块组成的框架结构和多个草皮护坡结构共同构建。框架结构由固脚、空心块框架和压顶梁共同组成，在坡面土体抗滑稳定的基础上，结合草皮护坡，防止雨水和波浪冲刷；同时具备混凝土材料的牢固性和多孔结构的透水性、植生性，其透水性强，保水性好，可为植物生长提供基质。

2. 经济性

空心混凝土预制块护坡所使用的空心混凝土块可在预制场中进行大规模生产，降低成本的同时提高了质量，还便于运输。混凝土块能够局部损坏局部维修，因此能极大减少后期的维护费用。该护坡技术施工方便快捷，一般仅需人工铺设即可。因此，该护坡技术在经济性方面成本较少、造价较低。以岸顶到河床底为2.5m进行估算，根据《江西省水利水电建筑工程概算定额（试行）》（赣水建管字〔2006〕242号），采用2020年一季度价格水平计算该设计方案的造价，得出该护坡造价为420元/m。

3. 生态性

空心混凝土预制块留有孔洞，空隙率高，给坡面提供透气和透水的便利，有利于解决坡面排水问题，在一定程度上留有水分，给植被提供水源，有利于植被生长。护坡种植花草形成屏障，有助于水土保持，对垃圾和有害物直接流入河道起到阻隔作用。在美化环境的同时形成自然坡面改善生态环境，使植被、微生物和水生物能够生存。

2.3.2.9　阶梯式挡墙护坡

1. 结构特性

采用预制的大体积混凝土砌块堆砌形成墙体，利用锚固棒的锚固作用、自身和填土的重力、砌块相互之间的摩擦力使墙体更加稳定；挡墙结构具有自挡土的独特功能，且无需另设排水孔，可实现全墙面溢排水；砌块离缝砌筑形成的竖缝和外斜缝构成的生态孔洞结构，给动植物提供了良好的生长环境；自卡锁结构使挡墙成为一种柔性结构，可适应墙体自身变形以及地基不均匀沉降造成的变形。

2. 经济性

阶梯式挡墙护坡所用混凝土材料较多，所采用的混凝土砌块重量较大，一般需要采用机械吊装，回填开挖料或种植土需要人工夯实，对施工要求较高，材料成本、运输成本及施工成本均较高。因此，该护坡技术在经济性方面成本较高、造价较高。以岸顶到河床底为2.5m进行估算，根据《江西省水利水电建筑工程概算定额（试行）》（赣水建管字〔2006〕242号），采用2020年一季度价格水平计算该设计方案的造价，得出该护坡造价为2880元/m。

3. 生态性

护坡结构在临水侧有大量孔洞结构，可供植物生长的孔洞率占墙面的40%，水上及水下的生态孔为生物提供了良好的生长环境，使植物根系深入墙背的土体，植物可以迅速布满全墙面，遮盖砌块、美化挡墙，让河道挡墙不再单一硬质化、白化。生态孔还为水生动物提供了一个良好的生存环境，可避开天敌的捕捉，自然繁衍生息。另外，阶梯式墙体可实现落水人员的攀爬自救，能够分阶梯亲水近水，生态性良好。

2.3.2.10 聚氨酯碎石护坡

1. 结构特性

聚氨酯碎石同时具备混凝土材料的牢固性和多孔结构的透水性、植生性，这种结构特性使其具备较好的防浪性、抗冲性和耐久性，抗冲性是混凝土的耐冲性与多孔构造进行水流消能的组合，40%～50%孔隙率组合的多孔结构使其具有透水性强、保水性好的特点，可为动、植物生长提供良好的环境。

2. 经济性

施工简单，硬化速度快；适宜现场浇筑和自然养护，适合斜面以及各种作业面的现浇施工，不需机械碾压设备，一般泥工工具抹敷则可。以岸顶到河床底为2.5m进行估算，根据《江西省水利水电建筑工程概算定额（试行）》（赣水建管字〔2006〕242号），采用2020年一季度价格水平计算该设计方案的造价，得出该护坡造价为1480元/m。

3. 生态性

聚氨酯碎石是采用特殊级配的骨料加聚氨酯等制成的具有一定孔隙率的块体，它不但能增加碎石的防护强度，还可使水中的泥沙、微生物等沉淀在碎石中间，给底栖生物、水生植物提供栖息地。水流经过聚氨酯碎石的孔隙时，提高水中溶解氧的含量，还可降低护砌材料表面温度及增加护砌材料表面透水透气性，提高湿热交换能力，生态环境功能提升显著。

2.3.2.11 土工格室护坡

1. 结构特性

土工格室是由聚乙烯材料制成的蜂窝状的三维立体网格状结构，将坡面表层土体分隔成一块块独立的区格，又使这些土体有机地联系在一起形成一个整体，并与植被根系组合形成空间结构的复合加筋体系，从而达到固土、抗冲刷、稳定坡体的目的。土工格室护坡效果与植物生长状况相关，在草类植物栽种初期或植被覆盖率较小时，易被雨水冲刷保土性较差，同时抗水流、风浪冲刷能力有限，项目实施早期若坡脚被水浪淘刷可能会发生崩岸的情况。由于其抗冲刷能力一般，不适用于水位变化大、流速较大的河流。

2. 经济性

土工格室护坡施工工艺简单，工期短，运输成本低。主材分为土工格室材料和绿化种植两部分，土工格室根据厂家不同价格而有差别，需市场询价，但总体而言两项主材均价格低廉，工程量小。以岸顶到河床底为2.5m进行估算，根据《江西省水利水电建筑工程概算定额（试行）》（赣水建管字〔2006〕242号），采用2020年一季度价格水平计算该设计方案的造价，得出该护坡造价为520元/m。

3. 生态性

土工格室具有的三维开孔结构可以帮助土壤与植物之间形成一个近自然的生态体系。该护坡技术选材简单，对原岸坡干扰较少，作为良好的水陆过渡地带，可保障河流水体与河岸带地下水自由交换。植物生长状况良好时坡面绿植覆盖率可接近100%，景观性和生态性好。

2.3.3 新型生态护岸技术

2.3.3.1 反砌法生态挡墙护岸

1. 结构特性

反砌法生态挡墙是使用生态混凝土胶结材料的块石砌体。依靠胶凝材料的黏结力、摩擦力和石块本身重量保持稳定，墙体前后石块间在保持胶结力较大的情况下还具有较大的连通性，墙后水体可自由渗透至河道，无须另设排水管，具有很好的整体性、渗透性和强度，可以增加边坡抵抗侵蚀的能力。

2. 经济性

反砌块石工艺简单成熟，后期养护费用低，加上就近取材，可节省大量的运输费用，整体费用较低。若要保证后续植被生长，需视情况在墙后布设蓄水槽和水管，费用有一定的增加，但相较于人工浇灌，具有一定的经济优势。以岸顶到河床底为2.5m进行估算，根据《江西省水利水电建筑工程概算定额（试行）》（赣水建管字〔2006〕242号），采用2020年一季度价格水平计算该设计方案的造价，得出该护岸造价为约1200元/m。

3. 生态性

反砌法生态挡墙构造的生态槽为鱼、贝类以及一些大型底栖无脊椎动物提供了栖息空间，同时这种结构的渗透性有利于增强河岸带的潜流交换作用，提高河流生态环境中的生物活跃度和水质净化能力；块石间隙可自然生长出当地的水陆生植物，可快速恢复植被，绿化河岸，同时能够吸附土壤中的一些农药、化肥等污染物并进行分解、转化，为生态环境提供有机营养物。

2.3.3.2 硬质护岸生态化改造

1. 结构特性

硬质护岸生态化改造技术以原有的挡墙稳定性为基础，通过锚杆将雷诺护垫和生态袋固定在挡墙上，对原有结构安全稳定性的扰动较小。其他如水管、储水井、供电系统可根据实际情况选定，形式多样。

2. 经济性

硬质护岸生态化改造技术，工艺较为简单，后期养护费用低，可节省大量的维养费用，相对拆除重建方案而言，具有较大的经济优势。以岸顶到河床底为2.5m进行估算，根据《江西省水利水电建筑工程概算定额（试行)》(赣水建管字〔2006〕242 号),采用 2020 年一季度价格水平计算该设计方案的造价,得出该护岸造价为 1620 元/m。

3. 生态性

该技术能最大限度恢复硬质河岸生态,同时改善河床生境,创造水生动物、植物生长空间,提高生物多样性,使河道恢复一定的生态功能,达到与周边整体生态相协调的目的。

第3章 生态护岸的破坏方式及机理研究

3.1 生态护岸破坏方式及原因分析

3.1.1 松木桩护岸

3.1.1.1 破坏方式

松木桩护岸破坏方式较简单，主要有两种破坏方式：腐烂、倒伏。

(1) 松木桩腐烂使得岸坡失去挡土支撑物从而造成岸坡失稳。

(2) 在洪水时期，水流冲刷使松木桩发生松动、倒伏，造成松木桩背后土石失去支撑物发生倒塌。

图3.1-1为松木桩护岸破坏示例。

图3.1-1 松木桩护岸破坏示例

3.1.1.2 破坏机理分析

根据松木桩护岸的两种破坏方式，分析其破坏机理（图3.1-2和图3.1-3为其破坏机理示意图），总结如下：

(1) 材料强度降低造成破坏。因松木含有丰富的松脂，这些松脂能很好地防止地下水和细菌对其的腐蚀，因此，往往常水位以下部分的松木桩不易腐烂，露出水面部分的松木桩受虫蚁损害发生腐烂，造成木桩材料强度严重降低，从而失去挡土作用。

(2) 水流条件改变造成破坏。当遇到洪水时，急剧下泄的水流冲刷河床以上的松木桩部分，使木桩发生松动，甚至倒伏，引起河床底质土层的扰动，从而造成大范围的木桩松动破坏，最终引发岸坡失稳。

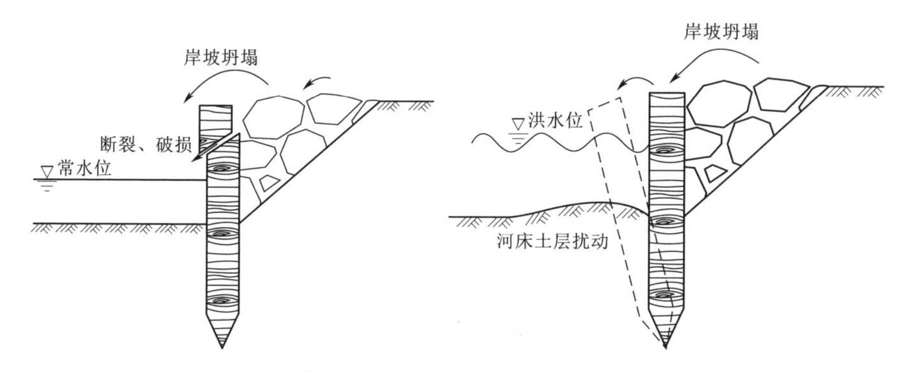

图 3.1-2　材料强度降低造成破坏　　图 3.1-3　水流条件改变造成破坏

3.1.2　石笼护岸

3.1.2.1　破坏方式

石笼护岸破坏方式主要有三种：相邻石笼错位或石笼发生结构沉降、石笼网被撕裂解体和石笼网箱内填充石料流失。

（1）相邻石笼错位或石笼发生结构沉降。石笼护岸与土体接触和地基之间的接触问题十分重要，尤其是当结构体处于流水之中时，流水会导致石笼周围土壤的流失，这种现象主要是由于石头间有空隙，流水在这些空隙所形成的管道中产生局部加速度从而导致土壤的大量流失，少数情况下石笼结构会最终稳定下来，但多数情况下石笼结构会因此失去平衡，最终导致石笼移位，整体稳定破坏，整个石笼结构溃塌。此外，在高寒地区护岸基础破坏形式主要为冻胀破坏，护岸基础破坏后，岸坡产生坍塌和滑坡，导致石笼整体塌陷或向河道方向滑动，整体受力平衡状态被破坏，石笼结构随着岸坡变形、坍塌。

（2）石笼网被撕裂解体。石笼网箱破坏主要为格网本身破坏和格网连接破坏。格宾石笼的金属网大多是由电镀金属线编织而成的，其抗老化、抗腐蚀性能很好；一般情况下，一个格宾石笼的寿命可达 30～40a 之久，有些甚至可达到 70～80a，所以石笼的破裂通常不是金属线的老化锈蚀造成的，而主要是石笼中的石头在水流的作用下不断摩擦金属网，或者在各种破坏应力的作用下，石笼网箱箱体金属丝或绑扎金属丝断裂，石笼网箱解体，填充石料被水流冲散，整个石笼护砌结构破坏。

（3）石笼网箱内填充石料流失。石笼结构在外力长期的作用下，部分网孔变大。填充石料在外力作用下，石料逐渐磨损变小，随着水流不断淘刷，从石笼网孔中流出，石笼内填充石料体积逐渐减少，石笼塌陷。

3.1.2.2 破坏机理

针对以上提出的三种破坏形式，分别分析其破坏机理，总结如下。

1. 护岸基础破坏机理

由于石笼结构具有透水性，当地基土性质较差、抗剪强度较低时，随着水流的渗流冲刷、淘蚀构体及其周围土壤，石笼连同河堤部分土体沿着地基内部产生深层整体滑动破坏，导致结构失稳破坏。此外，在高寒地区当护岸岸坡土体含水率达到一定比例时，在气温作用下，土体中水分凝固过程中，体积膨胀而使土体产生冻胀现象，经反复冻融，部分岸坡土体出现隆起塌陷，甚至内部结构破坏，整个岸坡出现滑动、坍塌。

2. 石笼网箱破坏机理

破坏力主要是对石笼结构的整体性造成破坏，在石笼挤压力和拔力的作用下，局部石笼发生相对基础面的滑动，出现局部隆起或塌陷，加大网箱之间的作用力，当网箱之间的连接结构损坏后，整个石笼结构解体。冲石的切割力主要对石笼网箱产生破坏，主要表现为网面钢丝被切断，当格网受到水流、冰块的冲击力时，根据材料力学公式可知，钢丝上的切应力为

$$\tau = F/nA \tag{3.1-1}$$

式中：τ 为钢丝上的切应力，kPa；F 为格网受到水流、冰块的冲击力，kN；A 为网面钢丝的截面积，m^2；n 为承受冲击力格网上钢丝根数。

当作用在钢丝上的切应力大于其抗冲剪强度时，钢丝被切坏，网箱损坏，填充石料流失，护岸结构破坏。

3. 填充石料流失破坏机理

填充石料流失一方面是因为石笼结构在外力长期的作用下，虽然格网金属线材没有产生断裂破断，但部分石笼格网发生变形，致使部分网孔变大；同时填充石料质地不够坚硬或体积较小，在高速水流冲刷作用下，块石之间不断摩擦，水流不断冲蚀，石料体积不断减小，经风浪淘刷，部分填充石料钻出格网，被水流带走，石笼内填充石料体积逐渐减少，石笼塌陷，进而破坏。

3.1.3 生态砌块护岸

3.1.3.1 破坏方式

生态砌块挡墙护岸破坏方式主要有三种：局部变形、墙体崩裂和坍塌。

(1) 局部变形，主要表现在砌块局部发生破坏引起墙面变形，最终导致墙体失稳，甚至坍塌（图3.1-4）。

(2) 墙体崩裂，主要表现在加筋材料（即土工格栅）发生断裂，使墙体发生变形、失稳（图3.1-5）。

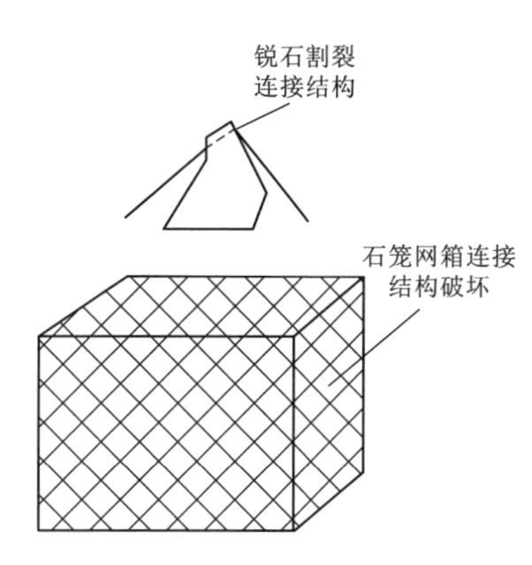

图 3.1-4　石笼网箱连接结构破坏

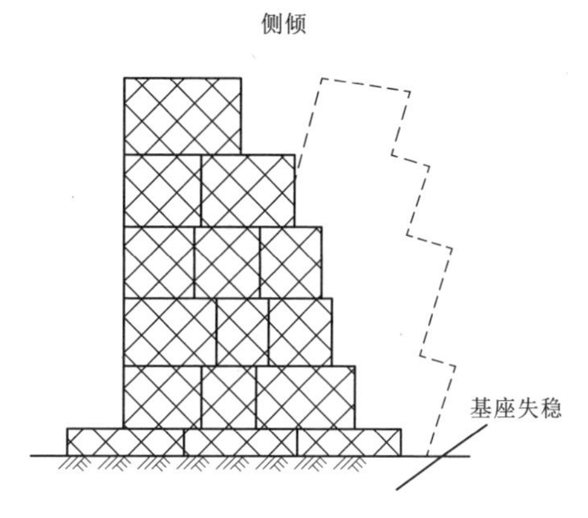

图 3.1-5　石笼基座失稳

(3) 坍塌，是指在地基存在缺陷、受力环境发生变化等外部条件影响下，墙体发生大面积坍塌。

3.1.3.2　破坏机理分析

根据生态砌块挡墙护岸的三种破坏方式，分析其破坏机理（图 3.1-6～图 3.1-8 为其破坏机理示意图），总结如下。

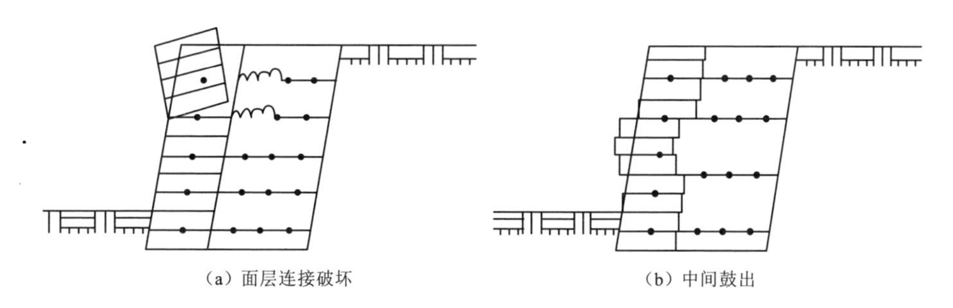

(a) 面层连接破坏　(b) 中间鼓出

图 3.1-6　局部砌块失稳

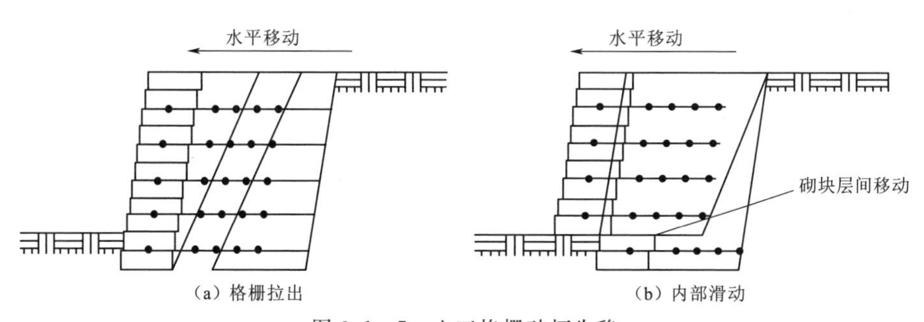

(a) 格栅拉出　(b) 内部滑动

图 3.1-7　土工格栅破坏失稳

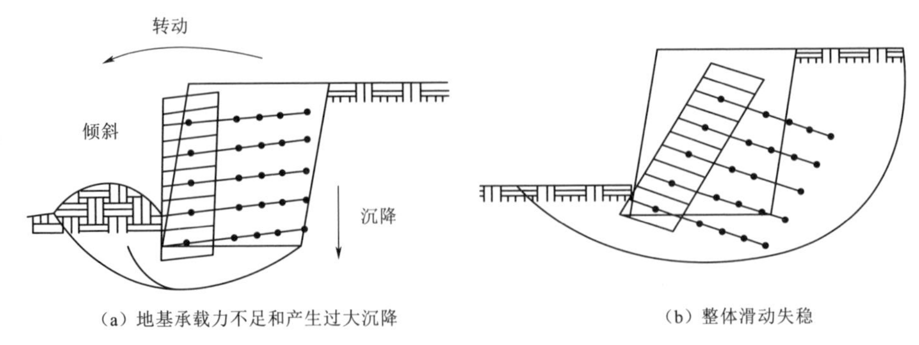

（a）地基承载力不足和产生过大沉降　　（b）整体滑动失稳

图 3.1-8　外界条件变化引起整体失稳

1. 局部砌块失稳

插销式生态砌块挡墙护岸利用插销棒使周围砌块相互连接形成柔性墙体，自卡锁式生态砌块护岸利用砌块自身独特的自卡锁式结构形成柔性墙体，无论哪种方式的生态砌块，当局部发生破坏，如插销棒断裂使相邻砌块失去连接、砌块强度不足发生破裂等，均会导致局部砌块失稳，引起砌块间面层连接破坏或中间鼓出，最终导致墙体失稳。

2. 土工格栅破坏失稳

土工格栅作为生态砌块的加筋材料，使墙体与背后填土之间形成拉力，是生态砌块护岸重要的受力构件。当土工格栅因受力超过自身强度指标发生断裂，或因墙后填土碾压不满足要求导致土工格栅被墙体拉出，墙体会发生水平移动，最终引发坍塌破坏。

3. 外界条件变化引起整体失稳

生态砌块挡墙护岸在垂直方向上主要利用自身重力维持墙体稳定，当地基承载力不足时墙体基础会发生不均匀沉降，当沉降位移值超过墙体承受范围时，墙体会发生倾斜、转动、倒塌；当外界环境发生变化，如河流水位骤升骤降、流量急剧变大等，会造成墙体整体失稳、倒塌。

3.1.4　干砌块石护坡

3.1.4.1　破坏方式

干砌块石护坡破坏方式主要有 3 种：护坡整体失稳、内部掏空塌陷和局部破坏。

（1）护坡整体失稳，是指在地基存在缺陷、受力环境发生变化等外部条件影响下墙体发生大面积坍塌。

（2）内部掏空塌陷，主要表现在砂卵石垫层、坡面土体被水流掏空使墙体发生塌陷、变形、失稳。

(3) 局部破坏，主要表现在砌块压顶不到位、挤压不密实、单块不牢固，受较大水力冲刷导致局部发生破坏引起坡面砌块冲走最终导致失稳，甚至坍塌。

图 3.1-9 为工程破坏实例。

图 3.1-9　内部掏空塌陷

3.1.4.2　破坏机理分析

根据干砌块石护坡的 3 种破坏方式，分析其破坏机理（图 3.1-10 和图 3.1-11 为其破坏机理示意图），总结如下：

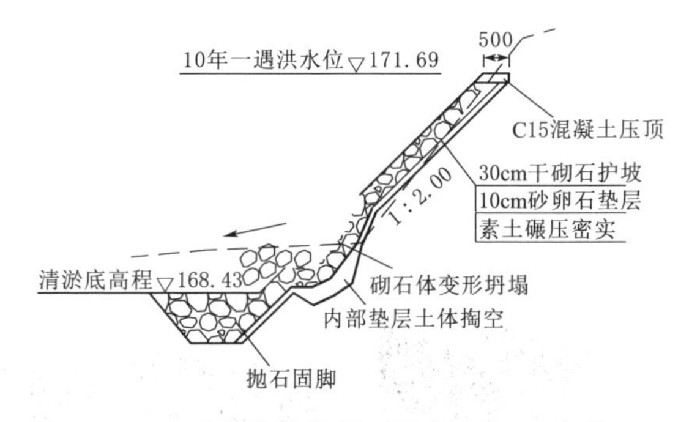

图 3.1-10　内部掏空坍塌（尺寸，mm；高程，m）

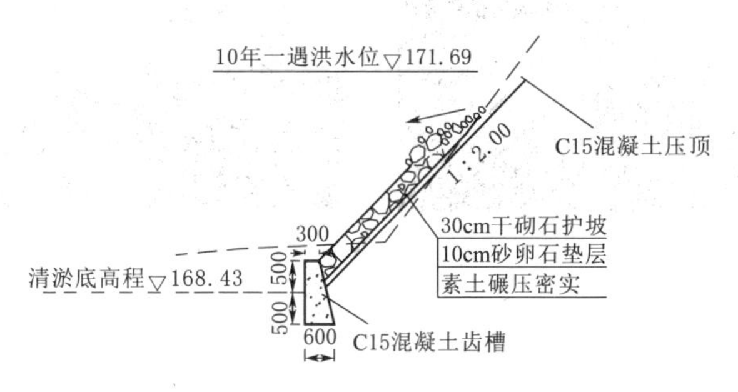

图 3.1-11　局部冲刷破坏（尺寸，mm；高程，m）

1. 地形地质条件及水流条件影响造成破坏

干砌块石护坡常用于衬护自身稳定的边坡，当土质边坡坡度较陡、边坡土质松散、压实度不满足要求；坡脚被水流剧烈冲刷导致掏空时，均容易造成岸坡土体滑坡或坍塌。边坡土体的滑动将带动坡面上衬护材料的整体垮塌，形成岸坡的整体失、坍塌。

2. 选材问题造成破坏

干砌块石护坡砌体缝口要砌紧，空隙应用小石填塞紧密，防止砌体在受到水流的冲刷或外力撞击时滑脱沉陷，以保持砌体的坚固性。如果干砌块石缝间间隙较大，里面的砂卵石垫层在水流冲刷较严重的情况下，砂卵石及坡面土体的启动流速低于水流流速，将被水流带出护坡体，导致干砌块石内部被掏空，在空洞达到一定大小时，将造成护坡结构体的坍塌。

3. 施工不规范造成破坏

干砌块石在波浪压力和浮力作用下，依靠重力和块石之间的摩擦力来维持其整体稳定的；边口部位是最易损坏的地方，封边工作十分重要，护坡效果与块石大小、厚度状况以及砌筑质量密切相关。当块石粒径不够，封面不到位，在水流流速过大时，导致摩擦力和自身重力小于块石启动力，局部砌块会发生移动，发展之后将会导致砌块失稳。

3.1.5 植物护坡

3.1.5.1 破坏方式

植物护坡的破坏方式主要有以下两种，主要表现为滑坡（见图 3.1-12 和图 3.1-13）。

图 3.1-12 根系不牢出现滑坡

图 3.1-13 降雨侵蚀造成滑坡

（1）由于降雨、水流冲刷等外部条件作用使边坡失稳造成滑坡。

（2）由于植物根系腐败、植被覆盖密度不足、植被选取不当（根系不牢）使得植物护坡出现滑坡现象。

3.1.5.2 破坏机理

根据生态混凝土护坡的两种破坏方式，分析其破坏机理（图 3.1-14 和图 3.1-15 为其破坏机理示意图），总结如下：

1. 外部条件作用边坡失稳

由于降水作用，土壤水分含量增大，土质松软，边坡稳定性失衡，致使

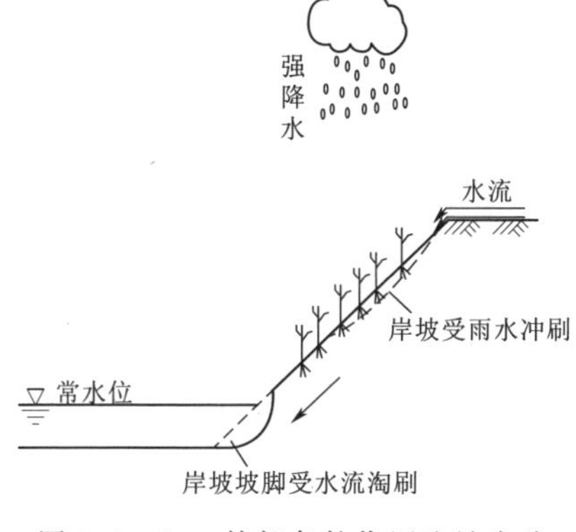

图 3.1-14 外部条件作用边坡失稳

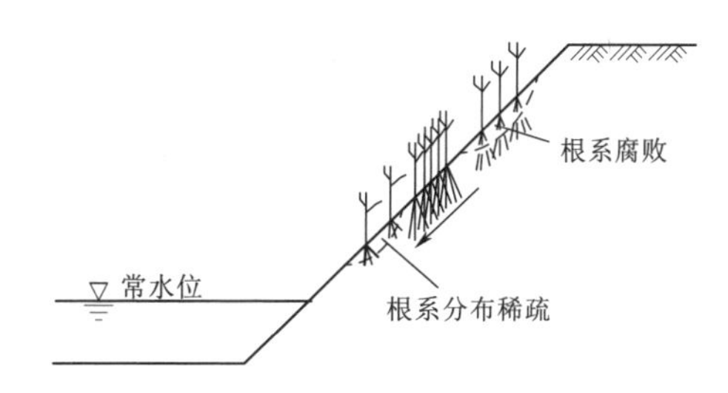

图 3.1-15 植物锚固能力不足

植物护坡出现滑坡现象；或是河流淘刷，使得边坡底部泥土出现空洞现象，植物护坡底部支撑力不足，出现滑坡现象。

2. 植物锚固能力不足

由于护坡植物的选取不当，适应能力较弱，在长时间的雨水浸泡之下出现根系腐败，失去锚固作用；单位面积内土内根的分布密度稀疏和深度较浅，以及植物根系的分布形态差异，或是垂直根或是侧根，在剪切滑动面抗浅位滑动的能力不足，使得植物护坡出现滑坡现象。

3.1.6 生态袋护坡

3.1.6.1 破坏方式

生态袋护坡破坏方式主要有三种：岸坡整体失稳、岸坡土体不密实导致塌陷和袋体松动破坏。

（1）岸坡整体失稳，是指在地基存在缺陷、受力环境发生变化等外部条件影响下墙体发生大面积坍塌。

（2）岸坡土体不密实导致塌陷，主要表现在坡面或袋内土体不密实，在泡水后发生塌陷、变形、失稳。

（3）袋体松动破坏，主要表现在生态袋压实不到位、挤压不密实、袋体材料强度不够，受较大水力冲刷导致局部发生破坏引起最终导致失稳，甚至坍塌。

图 3.1-16 为生态袋袋体破坏示例。

图 3.1-16 生态袋袋体破坏

3.1.6.2 破坏机理分析

根据生态袋护坡的3种破坏方式，分析其破坏机理，总结如下：

1. 地形地质条件缺陷造成破坏

发生生态袋护坡滑坡或塌陷的主要原因有3点：①生态袋护坡所防护的岸坡本身过陡或岸坡土体抗滑能力差，抗滑稳定性不够，导致因防护坡坡发生滑动，导致防护坡坡的生态袋防护结构发生向下滑动产生的破坏；②生态袋护坡的基础不牢，基础发生破坏，如基础被水流掏空或基础为软弱淤泥土滑动导致其支撑的生态袋防护结构滑坡；③护坡的岸坡土体不密实、松散，局部发生塌陷，变形过大，从而导致生态袋护坡塌陷。

2. 选材及施工问题造成破坏

生态袋袋体破坏及松动的主要原因：①物理力学指标不符合要求，质量较差，袋体破坏后里面的土体外漏，护坡结构不完整，失去了防护功能；②袋体之间连接不好，护坡结构未形成一个有效的防护整体，在较大水流冲击等因素作用下，局部袋体松动或脱落，导致护坡结构破坏。

3.1.7 生态混凝土护坡

3.1.7.1 破坏方式

生态混凝土护坡破坏方式主要有：滑坡、塌陷。

(1) 由于外部条件作用使边坡失稳造成滑坡。

(2) 生态混凝土护坡出现塌陷现象。

图3.1-17和图3.1-18为生态混凝土护坡工程破坏实例。

图3.1-17 受水流冲刷

图3.1-18 出现塌陷现象，植被坏死

3.1.7.2 破坏机理分析

随着生态混凝土护坡的广泛应用，一些研究者不断寻求生态混凝土新材料，以便增强生态混凝土护坡的效果。有关生态混凝土护坡破坏机理的相关研究也是从生态混凝土材料结构破坏的角度展开，在对生态混凝土进行破坏试验时发现，高透水性混凝土试件的破坏面中存在较多骨料颗粒破裂的情况，而碎裂的原因主要由于水泥石受剪切力挤压和尖部接触处受压断裂。

1. 材料破坏

从内部结构而言，采用同强度等级的水泥若也是像普通混凝土一样沿水泥黏结面破坏，高透水性混凝土的强度应达到水泥强度才破坏，而实际情况不是这样，高透水性混凝土在承受较小的压力时就产生了破坏，而生态混凝土的结构破坏存在两方面的情况：①由于孔隙的存在，A－B间比B－C间的水泥石薄弱，承受荷载小，所以A－B部位的水泥石处于薄弱环节，当荷载作用时，A－B和B－C间的水泥石都处于剪切状态，A－B部位黏结面先开裂，随着裂纹的迅速扩展，并很快贯通该部位的水泥石直至和试件中的孔隙连通并迅速扩展到周围的颗粒上，导致周围颗粒承受外力加大，也相应破坏，导致整个试件最终破坏（见图3.1－19）；②当试件承受荷载作用时，由于应力集中现象，首先在E颗粒的尖部与D颗粒的接触处断裂，导致E颗粒发生错动，引起整个试件内部结构受力发生变化，从而导致破坏。有时，当类似E位置的颗粒较薄时，也会在颗粒中部发生断裂。因此，高透水性混凝土中一般不用片状骨料。由于碎石的棱角不均匀，存在较多图3.1－20所示的颗粒，所以碎石的棱角容易破损，卵石表面较为圆润，颗粒间的摩擦力小，形成的结构较为密实，出现颗粒破坏的情况碎石就多于卵石，这也是采用卵石骨料的高透水性混凝土强度会高于碎石骨料的原因所在。

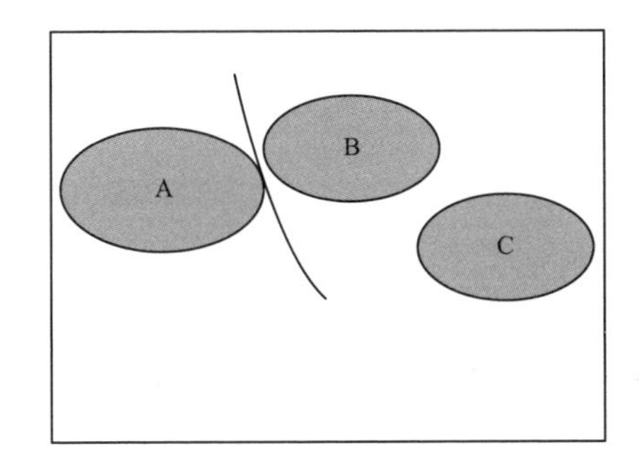

图3.1－19　黏结面破坏示意图

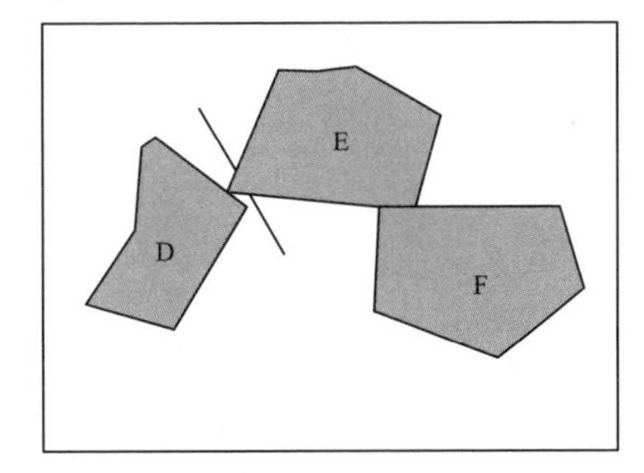

图3.1－20　填充物破坏示意图

2. 结构破坏

(1) 降雨及水流条件变化造成破坏。在水流或强降水作用下，生态混凝土表层的植被层受冲刷能力较弱，植被出现大面积坏死情况，使植物根系的锚固能力大大降低作用，对其结构的稳定性造成影响，致使生态混凝土耐久性不足；或在水流的淘刷之下，岸基受淘刷严重，出现滑坡现象。

（2）选材不满足使用要求造成破坏。生态混凝土由于具有大量连续孔隙，由于孔隙率的增大，生态混凝土内部的密实度下降，内部结构趋于中空，骨料间的摩阻力不足，整体传递和承受力的能力下降，抵抗外力破坏的能力也随之下降。单位体积中，在粗骨料用量一定的情况下，目标孔隙率越大，水泥浆体所占的体积越小，水泥浆体的量则越少，导致其难以包裹住粗骨料，导致骨料间的黏结面积减小，骨料难以被充分包裹，黏结力不足，混凝土结构的整体性能差，进而大大降低了生态混凝土的强度，使得生态混凝土护坡出现塌陷现象。

3.1.8 生态连锁块护坡

3.1.8.1 破坏方式

生态连锁块护坡破坏方式主要有：局部破坏和外部条件作用使边坡失稳塌陷。

（1）局部破坏。主要表现为从铺面矩阵中一块或多块连锁块发生破坏导致连锁块间的连锁作用减弱或失效，引起连锁块出现局部失稳。

（2）外部条件作用使边坡失稳塌陷。主要表现为在降水、河流长时间冲刷侵蚀、浸泡等条件影响下，若护坡土体未压实，水流进入铺面层下面，增加对连锁式护坡块体的浮力，使块体与基层分开；此外由于连续的管涌或冲刷丢失大量地基土，也会导致连锁式护坡铺面系统失去与基础土的接触，还会出现连锁块底部土体被淘刷形成局部空洞，或土体局部沉降变形过大而发生局部塌陷或整体塌陷。

图 3.1-21 和图 3.1-22 为生态连锁块护坡破坏方式实例。

图 3.1-21 生态连锁块护坡局部破损

图 3.1-22 生态连锁块护坡塌陷

3.1.8.2 破坏机理

根据生态连锁块护坡的两种破坏方式，分析其破坏机理（图 3.1-23～图 3.1-26 为其破坏机理示意图），总结如下：

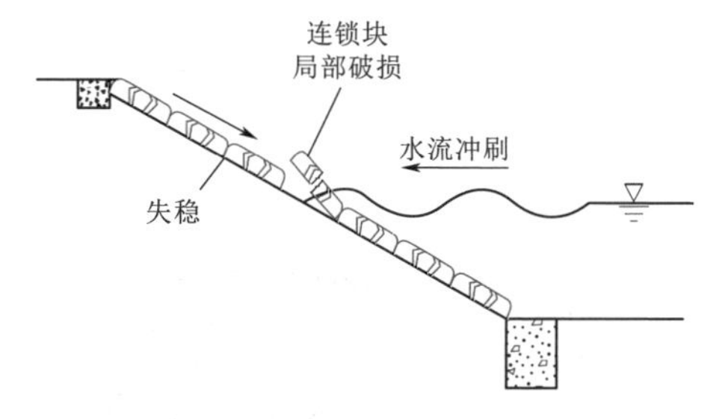

图 3.1-23 生态连锁块局部破损（一）

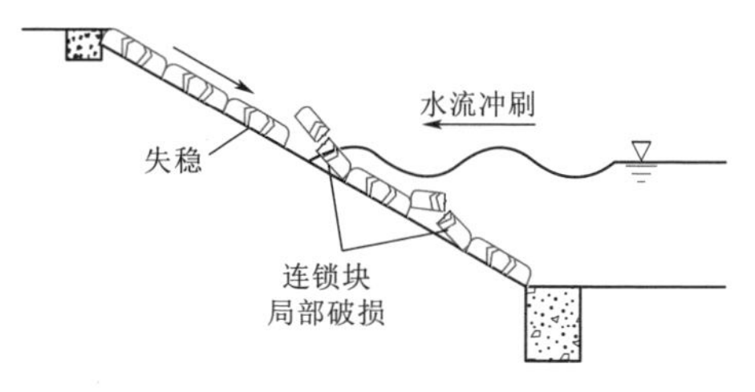

图 3.1-24 生态连锁块局部破损（二）

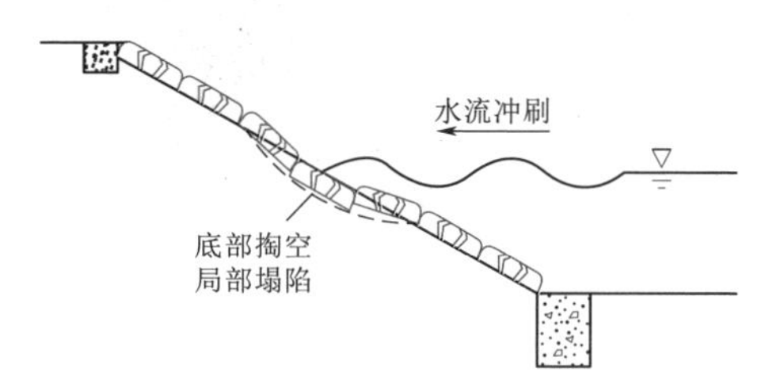

图 3.1-25 生态连锁块护坡局部塌陷

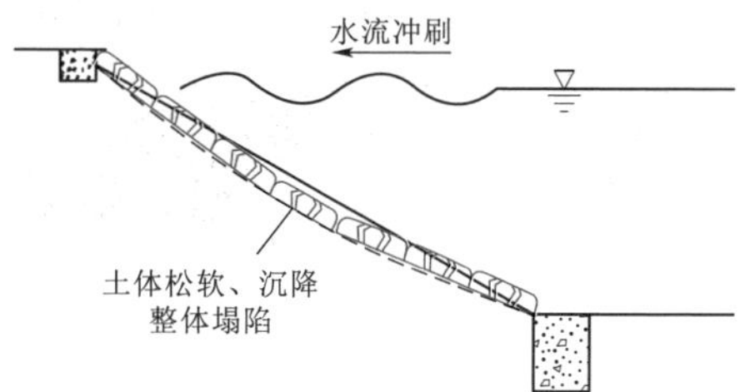

图 3.1-26 生态连锁块护坡整体塌陷

1. 选材强度不足造成破坏

生态连锁块护坡是利用连锁块之间形成连锁作用，使得连锁块层能够扩散荷载，从而加大承载能力，加大对变形的适应能力。无论哪种方式的连锁砌块，当发生其中一块或多块破坏因水流冲刷或连锁块强度不足发生破裂时，均会导致连锁块间的连锁作用减弱或失效，引起连锁块出现局部失稳。

2. 水流条件变化造成破坏

降水、河流水位较高导致长时间对护坡冲刷侵蚀、浸泡，土壤水分含量增大，土质松软，若护坡土体未压实，会出现连锁块底部土体被淘刷形成局部空洞，或土体局部沉降变形过大而发生局部塌陷或整体塌陷的现象。淤泥含量高的地基土快速饱和液化还会引起浅层滑坡。

3.1.9 人工纤维草垫护坡

3.1.9.1 破坏方式

人工纤维草垫护坡破坏方式主要有：岸坡整体失稳、纤维网垫破损和纤维网垫整体掀开。

（1）岸坡整体失稳，是指在地基存在缺陷、受力环境发生变化等外部条件影响下墙体发生大面积坍塌（见图 3.1－27）。

（2）纤维网垫破损，主要表现在由于表层覆土和草皮被水流或其他外力破坏后，网垫被日晒、水利冲刷等破坏（见图 3.1－28）。

（3）纤维网垫整体掀开，指在施工过程中由于锚固压实不够，或者铺设方向与水流方向垂直，水流从接缝间冲入网垫底部造成整体掀开。

图 3.1－27 和图 3.1－28 为人工纤维草垫护坡破坏实例。

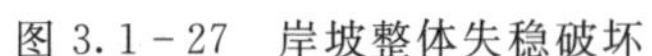

图 3.1－27 岸坡整体失稳破坏

图 3.1－28 纤维网垫破损

3.1.9.2 破坏机理分析

根据人工纤维网垫护坡的 3 种破坏方式，分析其破坏机理，总结如下。

1. 地形地质条件缺陷造成破坏

人工纤维网垫护坡常用于衬护自身稳定的边坡，当土质边坡坡度较陡、边坡土质松散、压实度不满足要求，坡脚被水流剧烈冲刷导致掏空时，均容易造成岸坡土体滑坡或坍塌。边坡土体的滑动将带动坡面上衬护材料的整体垮塌，形成岸坡的整体失稳、坍塌。

2. 选材问题造成破坏

人工纤维网垫护坡结构上一般要求在表层铺设覆土和草皮，利用植物的茎叶和根系共同组成抗侵蚀体，纤维网垫在太阳暴晒和大水流冲刷情况下自身容易破损。当表层覆土和草皮被破坏时，容易造成网垫的破损，最终导致整个护坡结构的损坏。

3. 施工不规范造成破坏

纤维网垫在铺设时应设置锚固沟和锚杆，如果锚固不到位，施工过程中由于锚固压实不够等均可能导致锚固不严；在铺设时，网垫的铺设方向应和水流冲刷方向一致，水流不容易从横缝中流入网垫底部，若在铺设时网垫方向与水流方向垂直，则容易导致水流从接缝间冲入网垫底部造成整体掀开，最终造成人工纤维网垫护坡的整体破坏。

3.1.10 混凝土框格草皮护坡

3.1.10.1 破坏方式

混凝土框格草皮护坡破坏方式主要有：护坡整体失稳和局部破坏。

（1）护坡整体失稳，是指在外部条件影响下坡面发生大面积坍塌、滑坡等。

（2）局部破坏，指框格内草皮受雨水及河流冲刷出现草皮破坏的现象，或框格下部土体流失造成框格塌陷。

3.1.10.2 破坏机理

根据破坏方式，分析其破坏机理，总结如下：

1. 地形地质条件缺陷造成破坏

混凝土框格草皮护坡常用于衬护自身稳定的边坡，当土质边坡坡度较陡、边坡土质松散、压实度不满足要求，或坡脚被水流剧烈冲刷导致掏空时，均容易造成岸坡土体滑坡或坍塌。边坡土体的滑动将带动坡面上衬护材料的整体垮塌，形成岸坡的整体失稳、坍塌。

2. 水流条件变化造成破坏

混凝土框格一般体积较大，可以依靠自身重力和框格间摩擦力紧贴在岸坡土体表面，自身不易发生破坏。但降水、河流水位较高导致长时间对护坡冲刷侵蚀、浸泡，会造成框格内草皮遭受破坏，引起水土流失；另外，土壤水分含量增大，土质松软，若护坡土体未压实，会出现框格下部土体被淘刷形成局部空洞，或土体局部沉降变形过大而发生局部塌陷或整体塌陷的现象。

3.1.11 空心混凝土预制块护坡

3.1.11.1 破坏方式

空心混凝土预制块护坡破坏方式主要有：护坡整体失稳、预制块破坏和局部破坏。

（1）护坡整体失稳，是指在外部条件影响下坡面发生大面积坍塌、滑坡等。

（2）预制块破坏，是指预制块断裂、破碎。

（3）局部破坏，指预制块空隙内植物受雨水及河流冲刷出现植被破坏的现象，或预制块下部土体流失造成预制块塌陷。

3.1.11.2 破坏机理

根据破坏方式，分析其破坏机理，总结如下：

1. 地形地质条件缺陷造成破坏

空心混凝土预制块护坡常用于衬护自身稳定的边坡，当土质边坡坡度较陡、边坡土质松散、压实度不满足要求，或坡脚被水流剧烈冲刷导致掏空时，均容易造成岸坡土体滑坡或坍塌。边坡土体的滑动将带动坡面上衬护材料的整体垮塌，形成岸坡的整体失稳、坍塌。

2. 水流条件变化造成破坏

降水、河流水位较高导致长时间对护坡冲刷侵蚀、浸泡，会造成空隙内植物遭受破坏，引起水土流失；另外，土壤水分含量增大，土质松软，若护坡土体未压实，会出现预制块下部土体被淘刷形成局部空洞或土体局部沉降变形过大而发生局部塌陷或整体塌陷的现象。

3. 材料强度不足或施工不规范造成破坏

由于空心混凝土预制块外框较薄，受力易发生断裂、破碎，在运输、安装甚至在水流淘刷过程中容易断裂、破坏，强度也会受环境因素侵蚀而不断降低；施工过程中基础整理不密实、预制块摊铺不合理也会造成护坡结构的破坏。

3.1.12　阶梯式挡墙护坡

3.1.12.1　破坏方式

阶梯式护坡技术利用预制构件之间的卡扣力、摩擦力及土体重力维持稳定，护坡结构整体稳定性和抗冲性较好。但在实际实施过程中，基础掏空、箱体内填充的土体流失、预制块构件断裂破坏，容易造成墙体整体倾覆失稳、局部破坏和土体流失破坏现象。图3.1-29～图3.1-30为阶梯式挡墙护坡破坏实例。

图3.1-29　土体流失

图3.1-30　土工布破损、土体流失

3.1.12.2　破坏机理分析

1. 墙体整体倾覆失稳

当墙体基础浇筑不牢、埋深不够、坡脚基础被水流剧烈冲刷导致掏空时，均容易造成墙体结构、岸坡土体滑坡或坍塌。边坡土体的滑动将带动坡面上衬护材料的整体垮塌，形成岸坡的整体失稳、坍塌。

2. 墙体局部破坏

墙体预制块构建均由预制场制作，通过运输和多次转运到现场进行安装，大多采用机械吊装，在此过程中易造成局部构件断裂破坏。

3. 空腔内土体流失破坏

由于箱体孔洞较多，为防止填充的土体流失、缺漏，往往采用土工布包裹土体，但土工布在发生老化、尖锐物挤压时易破损导致土体流失，使箱体出现“空箱”状态，护坡稳定性降低，可能造成岸坡坍塌；另外箱体孔隙内种植的植物在受雨水或河流冲刷时死亡造成根系锚固力减弱，会进一步加剧土体流失。

3.1.13 聚氨酯碎石护坡

3.1.13.1 破坏方式

聚氨酯碎石护坡破坏方式主要有：岸坡整体失稳、聚氨酯碎石结构破损和草皮破坏。

(1) 岸坡整体失稳，是指在地基存在缺陷、受力环境发生变化等外部条件影响下坡面发生大面积坍塌、滑坡等。

(2) 聚氨酯碎石结构破损，主要表现在聚氨酯碎石层被水流或其他外力破坏后，整个护坡结构被水力冲刷等破坏。

(3) 草皮破坏，指在后续过程植被破坏的现象。

3.1.13.2 破坏机理分析

根据破坏方式，分析其破坏机理，总结如下：

1. 地形地质条件缺陷造成破坏

聚氨酯碎石护坡常用于衬护自身稳定的边坡，当土质边坡坡度较陡、边坡土质松散、压实度不满足要求，坡脚被水流剧烈冲刷导致掏空时，均容易造成岸坡土体滑坡或坍塌。边坡土体的滑动将带动坡面上衬护材料的整体垮塌，形成岸坡的整体失稳、坍塌。

2. 选材问题造成破坏

聚氨酯碎石有大量的连续孔隙，由于孔隙率的增大，内部的密实度下降，内部结构趋于中空，骨料间的摩阻力不足，整体传递和承受力的能力下降，抵抗外力破坏的能力也随之下降；单位体积中，在粗骨料用量一定的情况下，目标孔隙率越大，聚氨酯所占的体积越小，聚氨酯的量则越少，难以包裹住粗骨料，导致骨料间的黏结面积减小，骨料难以被充分包裹，黏结力不足，结构的整体性能差，进而大大降低了强度，使得聚氨酯护坡容易出现塌陷现象。

3. 施工不规范造成破坏

施工过程中基础整理不密实、材料拌和不到位、材料摊铺不合理都会造成护坡结构的破坏。

3.1.14 土工格室护坡

受水流冲刷、地形地质条件影响、施工质量控制、材料选择、设计方案及人为因素等方面影响，土工格室护坡破坏方式和机理如下：

3.1.14.1 破坏方式

土工格室护坡破坏方式主要有：岸坡整体失稳、土工格室破损和草皮破坏。

(1) 岸坡整体失稳。指在地基存在缺陷、受力环境发生变化等外部条件影响下墙体发生大面积坍塌。

(2) 土工格室破损。主要表现在由于表层覆土和草皮被水流或其他外力破坏后，网垫被日晒、水利冲刷等破坏。

(3) 草皮破坏，在后续过程草皮被破坏的现象。

3.1.14.2 破坏机理分析

根据土工格室护坡的3种破坏方式，分析其破坏机理，总结如下：

1. 地形地质条件缺陷造成破坏

土工格室护坡常用于衬护自身稳定的边坡，当土质边坡坡度较陡、边坡土质松散、压实度不满足要求，坡脚被水流剧烈冲刷导致掏空时，均容易造成岸坡土体滑坡或坍塌。边坡土体的滑动将带动坡面上衬护材料的整体垮塌，形成岸坡的整体失稳、坍塌。

2. 选材问题造成破坏

土工格室护坡结构上一般要求在表层铺设覆土和草皮，利用植物的茎叶和根系共同组成抗侵蚀体土工格室，其在太阳暴晒和大水流冲刷情况下自身容易破损。当表层覆土和草皮被破坏时，容易造成格室的破损，最终导致整个护坡结构的损坏。

3. 施工不规范造成破坏

土工格室护坡在铺设时应设置锚杆，如果锚固不到位，施工过程中由于锚固压实不够等均可能导致锚固不严。草皮养护不到位也是破坏的原因之一。

3.1.15 反砌法生态挡墙护岸

3.1.15.1 破坏方式

反砌法生态挡墙护岸破坏方式主要有：岸坡整体失稳和局部破坏。

(1) 岸坡整体失稳，是指在地基存在缺陷、受力环境发生变化等外部条件影响下墙体发生大面积坍塌。

（2）局部破坏，表现在块石砌筑不到位、挤压不密实、单块不牢固，受较大水力冲刷导致局部发生破坏引起坡面砌块冲走最终导致失稳，甚至坍塌。

3.1.15.2 破坏机理分析

根据反砌法生态挡墙护岸的破坏方式，分析其破坏机理，总结如下：

1. 地形地质条件及水流条件影响造成破坏

反砌法生态挡墙护岸常用于衬护坡度较陡的边坡，当坡上荷载过大、边坡土质松散、压实度不满足要求，坡脚被水流剧烈冲刷导致掏空时，均容易造成岸坡土体滑坡或坍塌。边坡土体的滑动将带动坡面上衬护材料的整体垮塌，形成挡墙倾覆和岸坡的整体失稳、坍塌。

2. 选材问题造成破坏

反砌法生态挡墙砌石材料软化、砌筑的多孔混凝土强度过低、混凝土空隙不满足要求等，都将造成护坡结构体的坍塌。

3. 施工不规范造成破坏

反砌法生态挡墙在块石粒径不够或墙面反砌块石不规范、水流流速过大时，导致摩擦力和自身重力小于块石启动力，局部砌块会发生移动，发展之后将会导致砌块失稳。

3.1.16 硬质护岸生态化改造

3.1.16.1 破坏方式

硬质化护岸生态化改造结构破坏方式主要有：锚杆力不足失稳、智慧浇灌系统失效、雷诺护垫或生态袋局部破坏。

（1）锚杆力不足失稳。指在原硬质挡墙破坏、锚杆植入等条件影响下，锚固力不足以支撑雷诺护垫和生态袋结构而发生大面积坍塌。

（2）智慧浇灌系统失效。主要表现在太阳能板破坏、水泵老化、灌溉管网淤堵等原因导致的浇灌系统失效。

（3）雷诺护垫或生态袋局部破坏。此项破坏方式跟材料本身强度或使用寿命有关，性质同前面描述的各自破坏方式一致，本节不再赘述。

3.1.16.2 破坏机理分析

据硬质化护岸生态化改造结构的三种破坏方式，分析其破坏机理，总结如下：

1. 原挡墙条件缺陷造成破坏

硬质化护岸生态化改造结构常用于衬护自身稳定的硬质护岸，若原挡墙结构不稳定，则整个结构都将坍塌。

2. 选材问题造成破坏

所选锚杆及锚固剂、雷诺护垫、生态袋、太阳能板、蓄电池及水泵质量不满足材料要求而造成岸坡破坏。

3. 施工不规范造成破坏

锚杆种植施工应严格按设计要求进行，如果锚固不到位，施工过程中可能锚固压实不够等导致锚固不严，容易产生整体坍塌。

3.2 生态护岸结构稳定性

根据前节所述护岸结构破坏方式及原因分析，护岸结构稳定性主要与以下因素相关：

(1) 护岸材料的结构特征。护岸材料的强度、结构类型、尺寸及开孔率、耐久性、耐侵蚀性等可使护岸材料发生内部破坏，引起岸坡发生局部破坏，最终导致失稳。

(2) 岸坡地形地质条件的缺陷。主要包括地震等突发性自然灾害、岸坡土体力学性质差导致自身稳定性不够、地基处理不合理、河床基质发生泥沙变化造成岸坡地基承载力不足等，引发岸坡发生塌陷、倾斜等破坏。

(3) 外部环境特征。主要包括以下三个方面的影响：①水位影响，主要表现在湖泊水位发生骤升骤降时对岸坡抗滑稳定性不利；②流速影响，主要表现在河流在经历洪水时岸坡受到大流速冲刷时发生破坏，水流挟带物（树枝、石块等）撞击岸坡也会对护岸工程的稳定性造成威胁，尤其是当超过护岸所适用的水流条件时，易引发岸坡失稳；③风浪影响，主要体现在湖泊区岸坡脚水深、岸顶高程等对风浪特性产生影响，使得浪压力产生变化，垫层类型、岸坡材料等也会对护坡材料与垫层之间的摩擦系数产生影响，在诸多影响因素下造成湖泊区岸坡遭受风浪破坏。

受水流特性的影响，流速、风浪分别为河流、湖泊生态护岸稳定性的主要作用因子，本书选取河流、湖泊两种应用场景开展典型生态护岸的稳定性研究。

3.2.1 河流生态护岸抗冲刷稳定性试验

通过查阅相关资料、文献，选择生态砌块、生态袋、人工纤维草垫三种生态护岸（坡）的抗冲稳定试验研究成果进行介绍和分析。

1. 生态砌块护岸抗冲稳定试验研究

根据《荣勋技术生态挡墙及护坡抗冲稳定试验研究》（福州大学土木工程学院）的试验成果，对于荣勋生态砌块挡墙护岸，建议如下：

(1) 生态挡墙的填土压实度应达到91%以上。

(2) 从安全角度考虑，在顺直河道处，生态挡墙后采用混合土（碎石+黏土）+植草的方案，弯道凹岸处采用混合土或碎石填料。

(3) 工程应用中，弯道凹岸处水流极为紊乱，往往伴随着强烈的下切流或环流，因此，在弯道处谨慎设计与使用，且建议在弯道处设置生态护坡时，宜在护坡砌块后设置土工布，用于保护坡后填土。

(4) 在施工阶段和养护阶段，由于边界未封闭或未稳定，生态护坡的抗冲能力将急剧降低，极易导致结构稳定破坏。要合理选择施工期以及严格控制施工质量，加强边界处的顺滑处理和保护。

2. 生态袋护坡抗冲稳定试验研究

影响生态袋抗冲能力的因素较多也很复杂，包括生态袋的叠放方式、袋内土壤颗粒的级配、水流条件和冲刷时间等。护坡结构体的稳定性与生态袋内土壤损失率密切相关，相关学者的试验研究发现，当柔性生态袋内土壤损失率超过12%时，护坡结构有可能失稳。谭水位等[86] 通过水槽试验研究了柔性生态袋在不同流速、不同冲刷历时情况下袋内填充物的流失规律，分析了土壤级配对柔性生态袋抗冲性能的影响，考察了不同流速下生态袋护坡体的稳定性，并得出结论如下：

(1) 生态袋抗冲流速为1.5～4.0m/s，抗冲流速与填充土壤颗粒级配、连接扣强度、施工方法密切相关。

(2) 由于该试验是对无植被柔性护坡结构的抗冲能力进行研究，未考虑植物根系的锚固作用，因此实际应用过程中，结合植物生长的生态袋护坡技术的抗冲流速应有一定幅度的增长，根据相关工程实践经验，生态袋护坡的抗冲流速可达5m/s。

3. 人工纤维草垫护坡抗冲稳定试验研究

王春喜等[87] 通过水槽试验研究了三维植被网护坡（即前面介绍的人工纤维草垫护坡技术）在不同水流冲刷流速下的稳定性情况。试验结果表明，三维植被网护坡在3m/s的流速连续冲刷3.25h后，该护坡模型发生破坏，此时的床面切应力262.9Pa，摩阻流速为0.51m/s。其他流速下护坡模型未发生破坏。表明该类护坡技术不适用于流速大于3m/s的河流。

3.2.2 湖区生态护岸抗风浪稳定性试验

以鄱阳湖圩堤（沿河圩）的生态护岸为研究对象，在计算湖区风浪特性的基础上，通过室内模型试验及室外现场试验，开展湖岸生态护岸的稳定性研究，试验不同护岸形式在相应风浪下的稳定性。

3.2.2.1 典型护岸结构抗浪稳定性模型试验

试验根据鄱阳湖的设计水位、风浪要素等基本资料按照模型试验比尺进行模型试验设计，选取鄱阳湖流域常用的石笼护坡、生态混凝土护坡、聚氨酯碎石护坡、生态连锁块护坡4种不同类型的护坡技术，对其不同坡度、不同波浪淘刷情况下的稳定性进行室内试验研究。

3.2.2.1.1 研究对象

1. 格宾石笼护坡

格宾石笼护坡设计采用格宾石笼护坡＋混凝土固脚，设计两种坡面坡度，分别为1∶3.0、1∶2.5，断面结构见图3.2-1和图3.2-2。

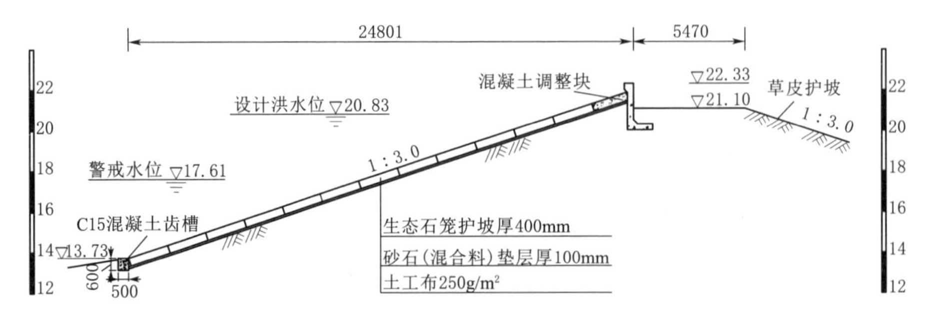

图3.2-1 格宾石笼护坡试验方案一（单位：尺寸，mm；高程，m）

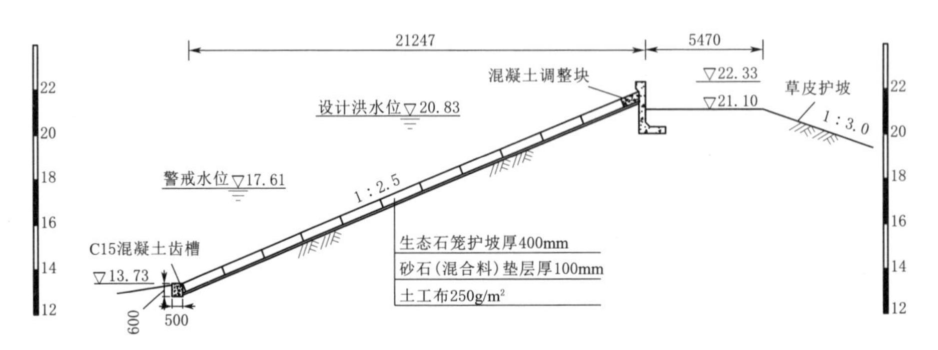

图3.2-2 格宾石笼护坡试验方案二（单位：尺寸，mm；高程，m）

2. 生态混凝土护坡

生态混凝土护坡设计采用生态混凝土护坡＋混凝土固脚，设计两种坡面坡度，分别为1∶3.0、1∶2.5，断面具体结构见图3.2-3和图3.2-4。

3. 生态连锁块护坡

生态连锁块护坡设计采用生态连锁块护坡＋混凝土固脚，设计两种坡面坡度，分别为1∶3.0、1∶2.5，断面具体结构见图3.2-5和图3.2-6。

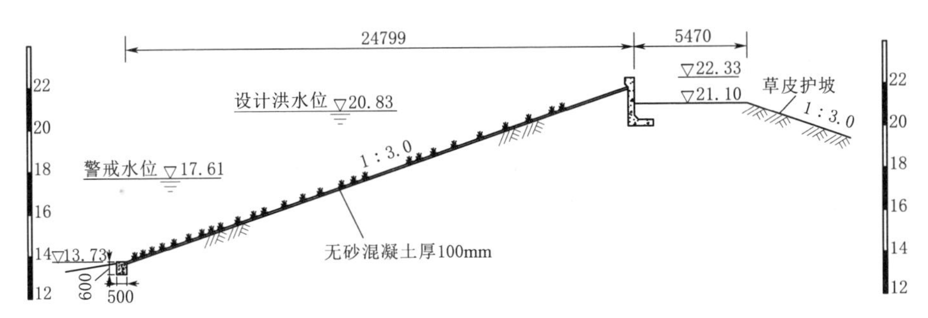

图 3.2-3　生态混凝土护坡试验方案一（单位：尺寸，mm；高程，m）

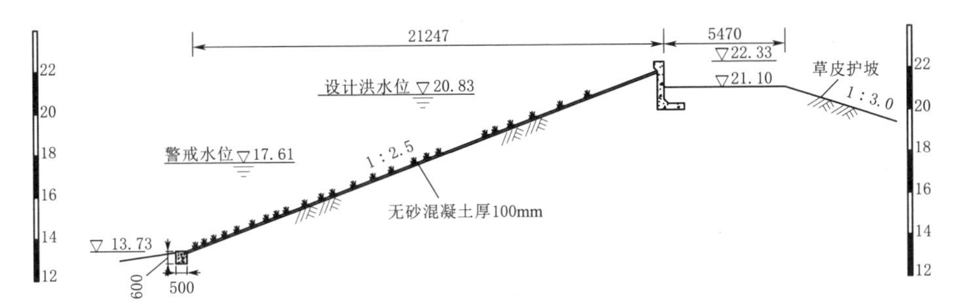

图 3.2-4　生态混凝土护坡试验方案二（单位：尺寸，mm；高程，m）

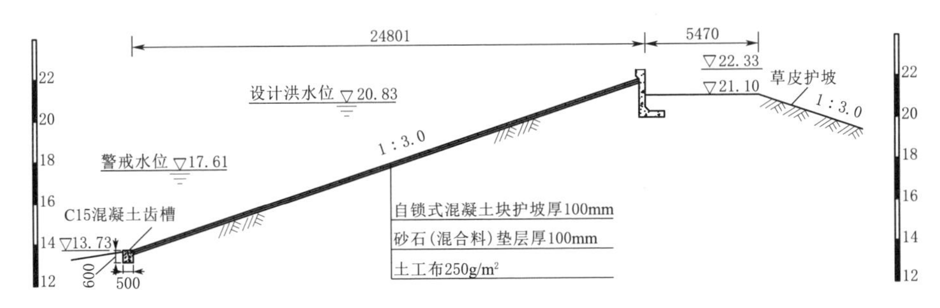

图 3.2-5　生态连锁块护坡试验方案一（单位：尺寸，mm；高程，m）

4. 碎石聚氨酯护坡

碎石聚氨酯护坡设计采用碎石聚氨酯护坡＋混凝土固脚，设计两种坡面坡度，分别为1∶3.0、1∶2.5，断面具体结构见图3.2-7和图3.2-8。

3.2.2.1.2　研究方法

1. 试验方法

分别采用规则波和不规则波进行大波浪水槽试验（见图3.2-9和图3.2-10）。规则波采用 $H_{5\%}$ 波高和平均周期，不规则波的波谱采用JONSWAP谱。波浪按重力相似准则模拟，规则波做到波高和波周期的相似，不规则波模拟波谱。造波机每次连续产生的规则波波数超过20个，不规则波波

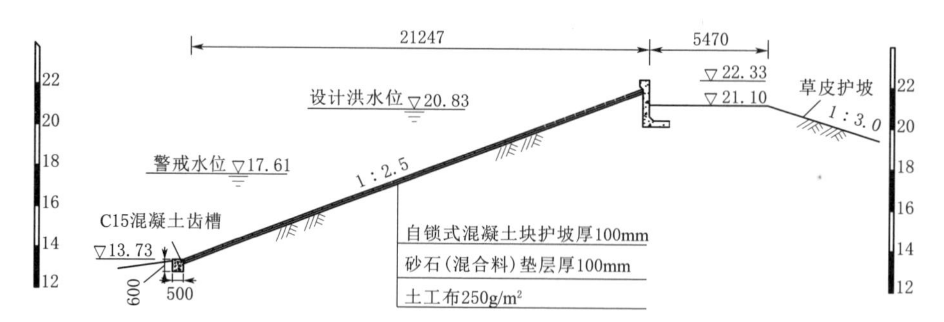

图 3.2-6 生态连锁块护坡试验方案二（单位：尺寸，mm；高程，m）

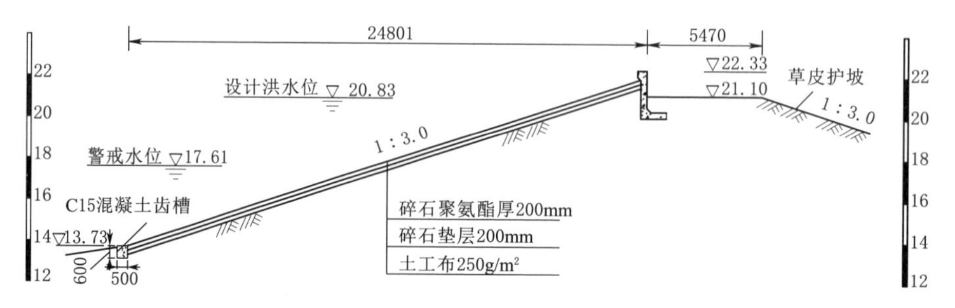

图 3.2-7 碎石聚氨酯护坡试验方案一（单位：尺寸，mm；高程，m）

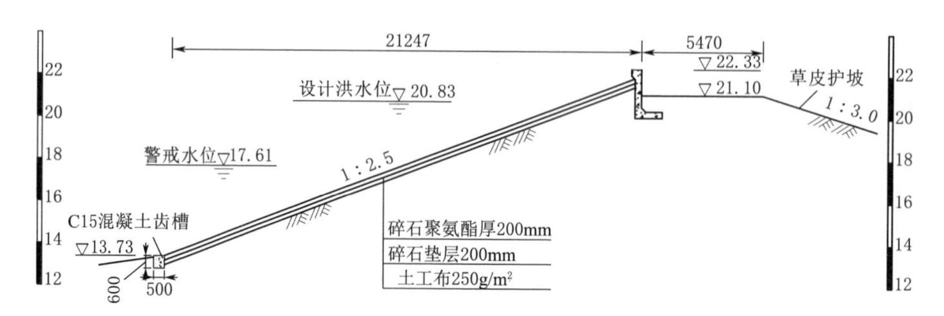

图 3.2-8 碎石聚氨酯护坡试验方案二（单位：尺寸，mm；高程，m）

数超过 120 个。

在进行堤岸护坡正式波浪作用试验前，先用小波作用一段时间，以使堤身密实。在密实完成后，再进行设定波浪作用下的稳定性等各项试验。

2. 试验工况

试验水位采用设计洪水位（20 年一遇）20.83m（采用 85 国家高程），警戒水位 17.61m。选择波浪作用最突出的风浪要素进行试验，试验工况如下：

（1）水位工况：2 组，分别为 H=20.83m（设计水位）、H=17.61m（警戒水位）。

（2）护坡类型工况：4组，分别为格宾石笼护坡、生态混凝土护坡、生态连锁块护坡、聚氨酯碎石护坡。

（3）断面坡度工况：2组，分别为1∶3.0、1∶2.5。

（4）波浪工况：3组，分别为100年一遇、50年一遇、20年一遇下的风浪要素$H_{13\%}$。

图3.2-9 大波浪水槽照片

3. 判断失稳条件

（1）防浪墙稳定性判别标准为：波浪累积作用时间相当于原型3h后，有位移为失稳，有振动无位移为临界稳定，无振动、位移为稳定。格宾石笼和生态混凝土稳定性判别标准为：护面层垂直于护面方向位移不超过块体厚度时，稳定。

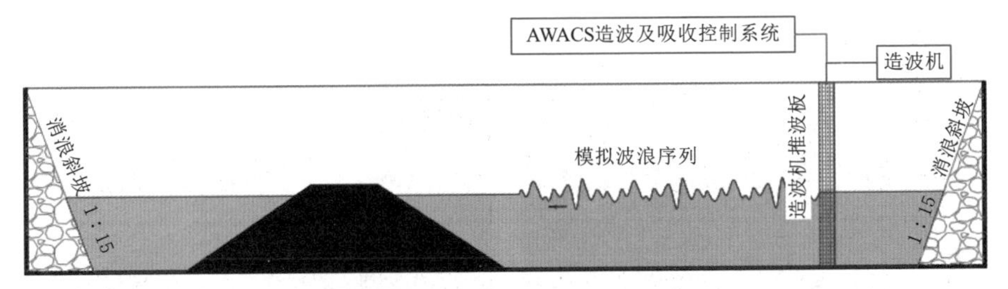

图3.2-10 大波浪水槽试验示意图

（2）护坡块体稳定性判别标准：关于护面块的稳定标准，《海港水文规范》（JTS 145—2—2013）规定："波浪作用下斜坡式建筑物护面块体（块石或人工块体）的稳定标准，以容许失稳率$n\%$表示，即静水位上下一个波高范围内，容许被波浪打击移动和滚落的块体个数所占的百分比。"对于单层铺砌的护面块体，只要有一块块体在波浪作用下被吸出、脱落，或累计位移超过单个护面块厚度时即判定为失稳（即失稳率$n\%=0$）。对于松散的砌块（砌块连接缝不封闭、砌块间不用缆绳或钢筋串联），在波浪作用下如果一块脱出，其下的垫层或基土将因波浪淘刷而流失，进而影响其他砌块的稳定，在波浪持续作用下，可能造成大面积护坡砌块失稳。因此，本书将一块砌块脱出即视为破坏，或称为失稳，这与《海港水文规范》（JTS 145—2—2013）对于单层护面块体的规定一致。通常将护面砌块在某一风浪要素作用下发生跳动、位移且临近滚落损坏而没有发生损坏的状态称为临界稳定，此时的作用波高称为临界波高。

3.2.2.1.3 试验成果及其分析

分别对格宾石笼护坡、生态混凝土护坡、自锁式混凝土块护坡、聚氨酯碎石护坡进行稳定性试验。试验结果及分析如下。

1. 格宾石笼护坡

稳定性试验（图3.2-11和图3.2-12）结果表明：在设计洪水位(20.83m) 100年一遇波浪（$H_{13\%}$=1.64m，T_m=4.56s）作用下，波浪在斜坡面变形、破碎后，仍然对堤顶防浪墙有冲击作用，坡度为1∶2.5时，波浪对防浪墙的冲击作用相对于坡度为1∶3.0时更为强烈。由于斜坡面高程抬高，防浪墙受冲击作用减小，堤顶防浪墙没有明显振动现象。斜坡面格宾石笼结构内部填充粒径为75～150mm的块石，由于填充石料在波浪作用下的自然密实，格宾石笼内部在上坡面角部会出现空隙。在波列中大波作用下，格宾石笼中的填充石料会在石笼内滚动。在波列中个别大波、破波冲击作用下，斜坡面400mm厚格宾石笼沿斜坡面有轻微平移现象。当波浪累积作用时间相当于原型3h后，两种坡度下断面防浪墙无明显位移，400mm厚格宾石笼无翘起，堤脚固脚结构无明显位移，均满足稳定性要求。

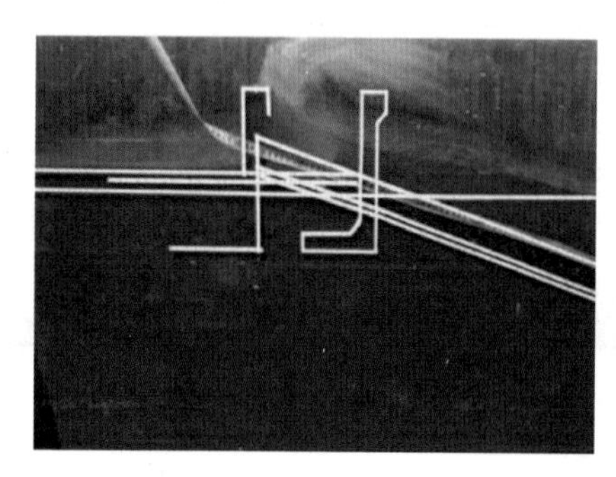

图3.2-11 格宾石笼护坡方案（坡度1∶3.0）断面试验

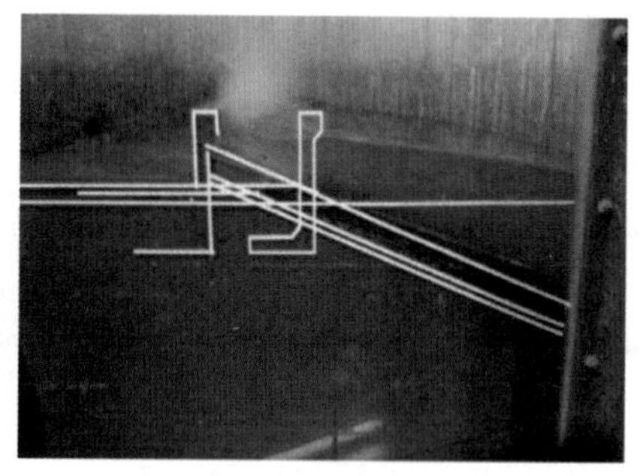

图3.2-12 格宾石笼护坡方案（坡度1∶2.5）断面试验

在设计洪水位（20.83m）50年一遇波浪（$H_{13\%}$=1.54m，T_m=4.41s）作用下，以及在设计洪水位（20.83m）20年一遇波浪（$H_{13\%}$=1.38m，T_m=4.17s）作用下，试验现象与100年一遇波浪作用接近，当波浪累积作用时间分别达到3h后，两种坡度下断面防浪墙无明显位移，400mm厚格宾石笼无翘起，堤脚固脚结构无明显位移，均满足稳定性要求。

在警戒水位（17.61m）100年一遇波浪（$H_{13\%}$=1.37m，T_m=4.20s）、50年一遇波浪（$H_{13\%}$=1.30m，T_m=4.08s）、20年一遇波浪（$H_{13\%}$=1.17m，T_m=3.87s）作用下，当波浪累积作用时间分别达到原型3h后，两种坡度下400mm厚格宾石笼无翘起，堤脚固脚无位移，均满足稳定性要求。

2. 生态混凝土护坡

堤岸生态混凝土护坡设计断面总体结构与生态混凝土相同，差别在于护面结构不同。生态混凝土护坡厚为 100mm，护坡顺坡向每 10m 设一伸缩缝，缝宽为 20mm，沥青杉板嵌缝；顺堤向每 10m 设一伸缩缝，缝宽为 20mm，沥青杉板嵌填。

稳定性试验（图 3.2-13 和图 3.2-14）结果如下：

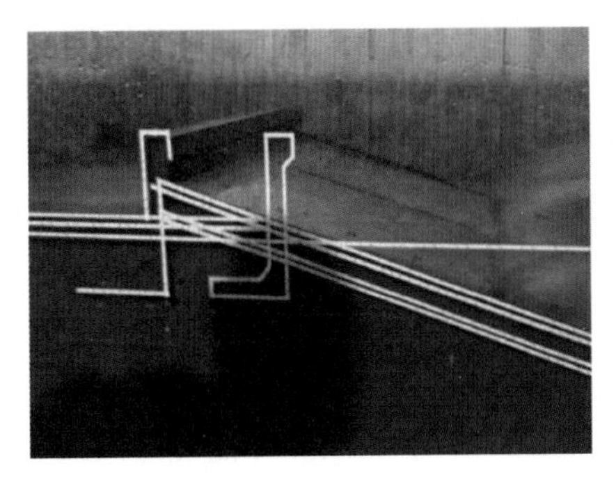

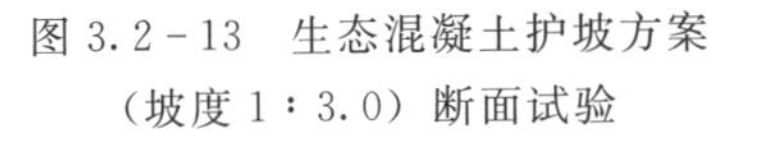

图 3.2-13 生态混凝土护坡方案（坡度 1∶3.0）断面试验

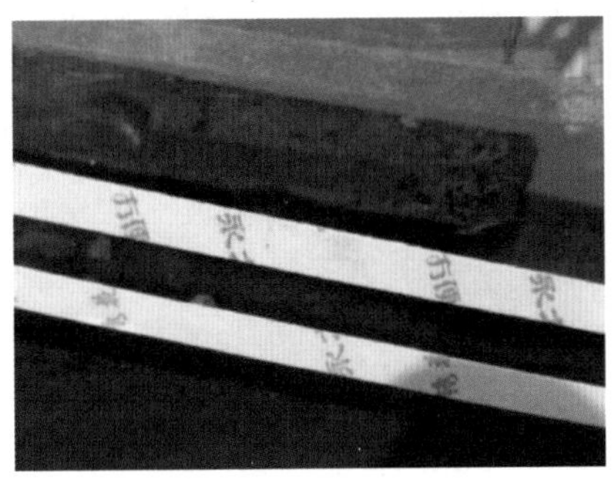

图 3.2-14 生态混凝土护坡方案（坡度 1∶2.5）断面试验后护面位移

(1) 坡度 1∶3.0。在设计洪水位（20.83m）100 年一遇波浪（$H_{13\%}=1.64$m；$T_m=4.56$s）作用下，当波浪累积作用时间相当于原型 3h 后，断面防浪墙无明显位移，150mm 厚生态混凝土无翘起，堤脚固脚结构无明显位移，均满足稳定性要求。在设计洪水位（20.83m）50 年一遇波浪（$H_{13\%}=1.54$m，$T_m=4.41$s）、20 年一遇波浪（$H_{13\%}=1.38$m，$T_m=4.17$s）作用下，试验现象与 100 年一遇波浪作用接近，当波浪累积作用时间分别达到 3h 后，断面防浪墙无明显位移，150mm 厚生态混凝土无翘起，堤脚固脚结构无明显位移，均满足稳定性要求。

在警戒水位（17.61m）100 年一遇波浪（$H_{13\%}=1.37$m，$T_m=4.20$s）、50 年一遇波浪（$H_{13\%}=1.30$m，$T_m=4.08$s）、20 年一遇波浪（$H_{13\%}=1.17$m，$T_m=3.87$s）作用下，此时水位低，波浪主要作用到斜坡面上，在斜坡面上最大爬高高程均能达到防浪墙，当波浪累积作用时间分别达到原型 3h 后，150mm 厚生态混凝土无翘起，堤脚固脚无位移，均满足稳定性要求。

(2) 坡度 1∶2.5。在设计洪水位（20.83m）100 年一遇波浪（$H_{13\%}=1.64$m，$T_m=4.56$s）作用下，波浪在斜坡面变形、破碎后，冲击护坡结构及堤顶防浪墙，由于斜坡面坡度变陡，波浪对防浪墙和护坡的冲击作用相对于坡度为 1∶3.0 时更为强烈。斜坡面 150mm 厚生态混凝土结构在波列中大波作用下有轻微振动现象。当波浪累积作用时间相当于原型 3h 后，断面防浪墙无明显位移，堤脚固脚结构无明显位移，均满足稳定性要求；150mm 厚生态混凝土轻微翘起（相邻护面块在接缝处最大高差 7.5cm），临界稳定。

其他工况下，当波浪累积作用时间分别达到原型 3h 后，150mm 厚生态混凝土无翘起，堤脚固脚无位移，均满足稳定性要求。

3. 自锁式混凝土块护坡

自锁式混凝土块护坡稳定性试验结果如下。

(1) 坡度 1∶3.0。在设计洪水位（20.83m）与 100 年一遇、50 年一遇、20 年一遇波浪作用下，波浪回落时，出现自锁块体被掀起的现象，直至沿块体厚度方向的位移超过块体厚度导致脱落。在 20 年一遇、50 年一遇、100 年一遇波浪的作用下，试验坡面在短时间内块体大量脱落，护坡面迅速失稳。试验照片见图 3.2-15。

在警戒水位（17.61m）与 100 年一遇、50 年一遇、20 年一遇波浪作用下，由于水位较低，波浪主要作用到斜坡面上。与设计洪水位的情况一致，在 20 年一遇、50 年一遇、100 年一遇波浪的作用下，试验坡面在短时间内大量块体脱落，护坡面失稳。试验照片见图 3.2-16。

图 3.2-15　自锁式混凝土块护坡方案（坡度 1∶3.0）在 20 年一遇波浪下坡面（设计洪水位）

图 3.2-16　自锁式混凝土块护坡方案（坡度 1∶3.0）在 20 年一遇波浪下坡面（警戒水位）

(2) 坡度 1∶2.5。在设计洪水位（20.83m）与 100 年一遇、50 年一遇、20 年一遇波浪作用下，波浪回落时，出现自锁块体被掀起的现象，直至沿块体厚度方向的位移超过块体厚度导致脱落。在 20 年一遇、50 年一遇、100 年一遇波浪的作用下，试验坡面在短时间内大量块体脱落，护坡面失稳。试验照片见图 3.2-17。

在警戒水位（17.61m）与100年一遇、50年一遇、20年一遇波浪作用下，由于水位较低，波浪主要作用到斜坡面上。与设计洪水位的情况一致，在20年一遇、50年一遇、100年一遇波浪的作用下，试验坡面在短时间内大量块体脱落，护坡面失稳。试验照片见图3.2-18。

图3.2-17 自锁式混凝土块护坡方案（坡度1∶2.5）在20年一遇波浪下坡面（设计洪水位）

图3.2-18 自锁式混凝土块护坡方案（坡度1∶2.5）在20年一遇波浪下坡面（警戒水位）

4. 聚氨酯碎石护坡

聚氨酯碎石护坡稳定性试验结果如下。

在设计洪水位（20.83m）100年一遇波浪作用下，当波浪累积作用时间相当于原型3h后，两种坡度下的断面防浪墙无明显位移，200mm厚聚氨酯块无翘起、破损，堤脚固脚结构无明显位移，均满足稳定性要求，只是坡度为1∶2.5时波浪对防浪墙和护坡的冲击作用相对于坡度为1∶3.0时更为强烈。在设计洪水位（20.83m）50年一遇波浪、20年一遇波浪作用下，试验现象与100年一遇波浪作用接近，当波浪累积作用时间分别达到3h后，两种坡度下的断面防浪墙无明显位移，200mm厚聚氨酯块无翘起、破损，堤脚固脚结构无明显位移，均满足稳定性要求。试验照片见图3.2-19～图3.2-21。

在警戒水位（17.61m）100年一遇波浪、50年一遇波浪、20年一遇波浪作用下，由于水位较低，波浪主要作用到斜坡面上，在坡度为1∶3.0的斜坡面上最大爬高高程分别为21.21m、21.06m、20.74m，在坡度为1∶2.5的斜坡面时，20年一遇波浪在斜坡面上最大爬高高程为21.32m，100年一遇波浪、50年一遇波浪的爬高到达了防浪墙位置。当波浪累积作用时间分别达到原型3h后，两种坡度下200mm厚聚氨酯块无翘起、破损，堤脚固脚结构无明显位移，均满足稳定性要求。试验照片见图3.2-20和图3.2-22。

图3.2-19 聚氨酯碎石护坡方案（坡度1∶3.0）在100年一遇波浪下坡面（设计洪水位）

图3.2-20 聚氨酯碎石护坡方案（坡度1∶3.0）在100年一遇波浪下坡面（警戒水位）

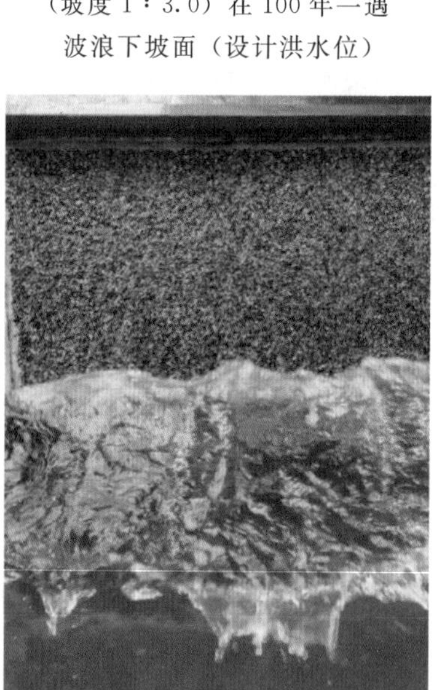

图3.2-21 聚氨酯碎石护坡方案（坡度1∶2.5）在100年一遇波浪下坡面（设计洪水位）

图3.2-22 聚氨酯碎石护坡方案（坡度1∶2.5）在100年一遇波浪下坡面（警戒水位）

3.2.2.1.4 试验成果小结

通过收集鄱阳县气象站风速资料，推算了堤防工程位置处重现期波浪要素，在100年一遇波浪、50年一遇波浪、20年一遇波浪作用下，对不同的堤岸护坡结构进行波浪物模试验，得出以下主要结论。

（1）堤岸格宾石笼护坡（坡度1∶3.0、坡度1∶2.5）防浪墙、400mm厚格宾石笼均满足稳定性要求。

（2）堤岸生态混凝土护坡（坡度1∶3.0）100mm厚护面在20年一遇波浪作用下不能满足稳定性要求；增加护面厚度至150mm，在无砂混凝土底部增加土工布后，坡度1∶3.0断面防浪墙、150mm厚格宾石笼等结构均满足稳定性要求，坡度1∶2.5断面防浪墙在100年一遇波浪下相邻护面块在接缝处有相对位移，临界稳定。

（3）堤岸自锁式混凝土块护坡在坡度为1∶3.0和1∶2.5的工况下，100mm厚砌块在100年一遇、50年一遇、20年一遇波浪作用下不满足稳定性要求。

（4）聚氨酯碎石护坡在坡度为1∶3.0、1∶2.5的工况下，200mm厚护面在100年一遇、50年一遇、20年一遇波浪作用下均满足稳定性要求。

3.2.2.2 典型护岸结构稳定性现场试验

3.2.2.2.1 试验内容确定

由于岸坡受长期水流冲刷、自身重力、连接方式等因素影响，岸坡会产生横向、纵向位移，一旦位移过大，会由冲刷破坏阶段发展为局部失稳破坏阶段甚至是整体失稳破坏，因此位移监测是判定岸坡防护技术结构稳定性的重要指标之一。考虑到试验段堤身断面形式、堤身土质、边坡坡比、河道水位、岸坡冲刷情况等基本一致，现场试验主要通过监测边坡位移来对边坡稳定性进行分析。

3.2.2.2.2 现场试验设计

1. 试验段选择及护坡布置

选定的护坡试验段位于江西省上饶市鄱阳县沿河圩，桩号范围为12+000～13+750，总长1.75km，该段护坡临饶河。该堤段护坡工程已于2018年12月由鄱阳湖区二期防洪工程第五个单项实施，共采用了8种护坡形式，各形式护坡坡比均为1∶3，各种形式护坡之间采用C20现浇混凝土踏步衔接。各段护坡形式如下。

（1）雷诺护垫生态护坡。雷诺护垫生态护坡范围为沿河圩桩号12+000～12+060，总长60m，其中12+000～12+030段厚400mm，12+030～12+060段厚300mm。护坡底部设C15现浇混凝土齿槽，顶部接防浪墙。图3.2-23和图3.2-24分别为施工竣工现场及3年后护坡照片。

图 3.2-23 雷诺护垫生态护坡竣工现场

图 3.2-24 竣工3年后雷诺护垫生态护坡状况

(2) 生态砌块护坡。生态砌块护坡范围为沿河圩桩号12+060～12+120，总长60m，其中12+060～12+090段厚150mm，采用RXH-150A型砌块；12+090～12+120段厚120mm，采用RXH-120型砌块。

生态砌块护坡砌块RXH-150A型，外形尺寸350mm×150mm×120mm，砌块混凝土强度等级C20，单块重量13.5kg；生态砌块护坡砌块RXH-120型，外形尺寸350mm×120mm×100mm，砌块混凝土强度等级C20，单块重量8.0kg。图3.2-25和图3.2-26分别为施工竣工现场及3年后护坡状况照片。

图 3.2-25 生态砌块护坡竣工现场

图 3.2-26 3年后生态砌块护坡状况

(3) 生态连锁块护坡。生态连锁块护坡范围为沿河圩桩号12+120～12+180，总长60m，其中12+120～12+150段厚100mm，12+150～12+180段厚80mm。生态连锁块护坡混凝土强度等级为C15，护坡下设10cm厚砂砾石垫层，垫层下设250g/m^2土工布，护坡底部设0.5m×0.6m C15现浇混凝土齿槽，顶部接防浪墙。图3.2-27和图3.2-28分别为施工竣工现场及3年后护坡状况照片。

图 3.2-27　生态连锁块护坡竣工现场

图 3.2-28　3 年后生态连锁块护坡状况

(4) 生态混凝土护坡。生态混凝土护坡范围为沿河圩桩号 12＋180～12＋240，总长 60m，其中 12＋180～12＋210 段厚 100mm，12＋210～12＋240 段厚 80mm。生态混凝土强度等级为 C15，孔隙率为 25%～30%，渗透系数为 1×10^{-1}cm/s，环境水 pH 控制在 7～8。图 3.2-29 为生态混凝土护坡竣工照片。

图 3.2-29　生态混凝土护坡竣工照片

(5) 三维排水柔性生态袋护坡。三维排水柔性生态袋护坡范围为沿河圩桩号 12＋240～12＋340，总长 100m。生态袋护坡生态袋中填装砂土，配合比为中粗砂∶黏土＝9∶1，掺入有机肥以利植物生长，有机肥加入量按 3kg/m²。生态袋材料握持抗拉强度为 335N，等效孔径为 0.20mm。图 3.2-30 和图 3.2-31 分别为施工竣工现场及 3 年后护坡状况照片。

图 3.2-30　生态袋护坡竣工现场

图 3.2-31　3 年后生态袋护坡现状

(6) 空心混凝土预制块护坡。空心混凝土预制块护坡范围为沿河圩桩号12＋340～12＋430，总长90m；其中12＋340～12＋370段厚120mm，12＋370～12＋400段厚100mm，12＋400～12＋430段厚80mm。空心混凝土预制块护坡采用边长300mm六边形空心预制块，网格内填土、植草，护坡混凝土强度等级C20，设ϕ8六边形环向钢筋一根，护坡底部设C15现浇混凝土齿槽。图3.2-32和图3.2-33分别为施工竣工现场及3年后护坡状况照片。

图3.2-32 空心混凝土预制块护坡竣工现场

图3.2-33 3年后空心混凝土预制块护坡状况

(7) 三维植物网护坡。三维植物网护坡范围为沿河圩桩号12＋430～13＋000，总长570m。三维植物网护坡是植草固土用的一种三维结构的似丝瓜络样的网垫，质地疏松、柔韧，留有90%的空间可充填土壤、沙砾、细石和草种，植物根系可以穿过其间整齐、均衡地生长，长成后的草皮使网垫、草皮、坡面土壤牢固地结合在一起，形成的绿色复合保护层可有效地防止坡面被暴雨或水流冲刷破坏。图3.2-34和图3.2-35分别为施工竣工现场及3年后护坡状况照片。

图3.2-34 三维植物网护坡竣工现场

图3.2-35 3年后三维植物网护坡状况

(8) 椰网植生带护坡。椰网植生带护坡范围为沿河圩桩号13＋000～13＋750，总长750m。椰网植生带护坡是天然可降解的椰纤维制成的紧密网状、毯状水保材料，在完成侵蚀防治功能3～5年后会逐渐分解，具有很高的吸水储水和过滤能力，不仅可以提供一个安全且自然的植物根部支撑系统，还能起到过滤泥沙、保持水土、景观绿化和环境保护的作用。图3.2-36和图3.2-37分别为施工竣工和3年后护坡状况照片。

图3.2-36 椰网植生带护坡竣工现场

图3.2-37 3年后椰网植生带护坡状况

2. 监测设施布置

本项目设置的监测项目及内容如下。

(1) 变形监测：包括边坡表面变形（水平位移、垂直位移）。

(2) 水位监测：包括堤防上、下游水位。

各种形式的护坡各布置1个监测断面，共布置8个监测断面（见表3.2-1）。

表3.2-1 边坡监测设施布置表

监测项目	桩号位置	测点编号	埋设高程/m	备注
变形监测（位移测点）	12+020	W1-1	1.367	雷诺护垫生态护坡
		W1-2	4.035	
	12+080	W2-1	1.649	生态砌块护坡
		W2-2	4.45	
	12+150	W3-1	1.74	生态连锁块护坡
		W3-2	4.45	
	12+200	W4-1	2.313	生态混凝土护坡
		W4-2	4.383	
	12+300	W5-1	1.876	生态袋护坡
		W5-2	4.525	
	12+380	W6-1	1.87	空心混凝土预制块护坡
		W6-2	4.468	
	12+800	W7-1	1.881	三维植物网护坡
		W7-2	4.306	
	13+400	W8-1	1.957	椰网植生带护坡
		W8-2	4.417	
变形监测（工作基点）	工作基点均设定为0.00m高程			

3. 边坡稳定性分析

(1) 位移随时间变化分析。根据现场观测并结合图3.2-38可知，除生态袋护坡（W5-2）外，其余各断面垂直位移均在2cm以内。垂直位移主要发生于2021年汛期，随后位移速率变缓至趋于稳定。通过分析可知，受护坡本身重力影响，同时汛期水力冲刷情况下，水流带走部分护坡部分土颗粒，因此汛期也会产生部分垂直位移。待汛期基本结束，护坡底及护坡土体压实度达到阈值，沉降区域稳定。

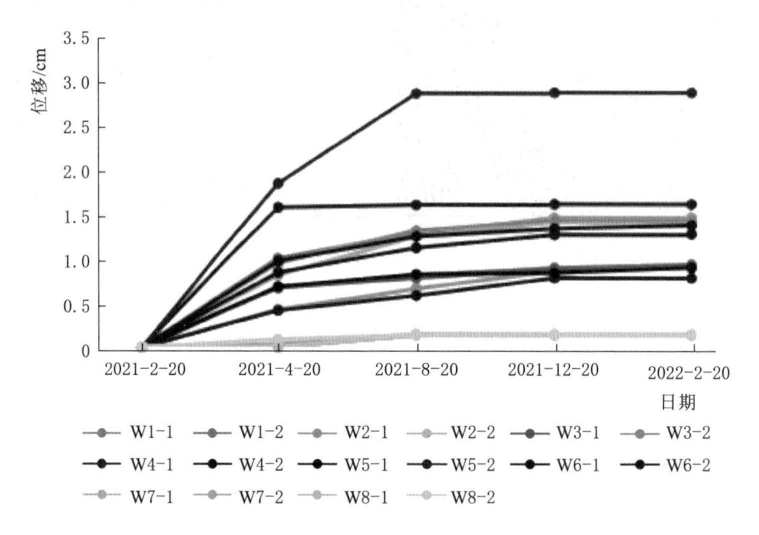

图3.2-38 垂直位移随时间变化情况

根据现场观测并结合图3.2-39可知，除网类材料护坡（三维植物网护坡、椰网植生带护坡）外，其余各断面水平位移均在1.5cm以内。水平位移主要发生于汛期，其余时间基本稳定。分析可知，汛期水流流速、水位均高于其他时间，在水流、水压等外力作用下，汛期易产生水平位移。

(2) 相同断面不同高程位移变化分析。根据现场观测并结合图3.2-40可知，相同断面相对较高高程比较低高程产生的垂直位移更大。通过分析可知，垂直位移产生的主要原因为护坡本身重力压缩土体，降低孔隙率产生沉降，因此同一断面相对较高高程位移产生累计量比相对较低高程的更大。

根据现场观测并结合图3.2-41可知，相同断面相对较高高程比相对较低高程产生的垂直位移更小。通过分析可知，水平位移产生的主要原因为水力冲刷，护坡底部相对护坡高处经历水流冲刷时间长、强度大，因此同一断面相对较低高程水平位移更大。

(3) 不同护坡形式的位移分析。根据现场观测并结合图3.2-42可知，

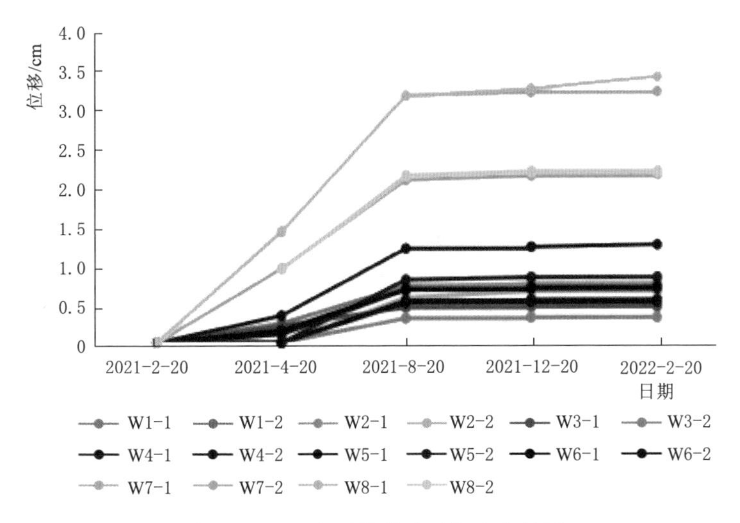

图 3.2-39　水平位移随时间变化情况

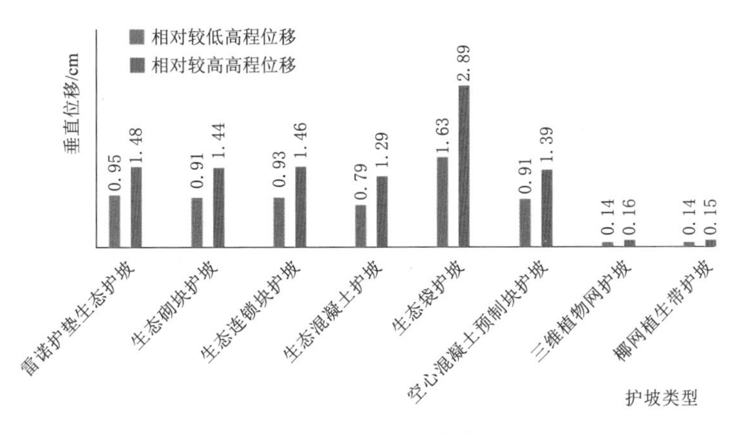

图 3.2-40　不同高程垂直位移对比

高程近似、护坡底部位产生位移由大至小护坡类型排序为：椰网植生带护坡、三维植物网护坡、三维排水柔性生态袋护坡、空心混凝土预制块护坡、雷诺护垫生态护坡、生态砌块护坡、生态混凝土护坡、生态连锁块护坡。通过分析可知，椰网植生带护坡及三维植物网护坡主要位移为水平位移，两者易受水流冲刷影响；三维排水柔性生态袋护坡生态袋中填装砂土，配合比为中粗砂：黏土＝9：1，其本身砂土在重力作用下易发生垂直位移，且在水流冲刷情况下，易形成水平位移，因此，位移量较大；而空心混凝土预制块护坡、雷诺护垫生态护坡、生态砌块护坡、生态混凝土护坡、生态连锁块护坡5种护坡形式位移情况基本相同，均为混凝土结构护坡，主要位移为垂直位移，且受水平位移影响较小，因此位移量相对较小，其中生态连锁块护坡位移量

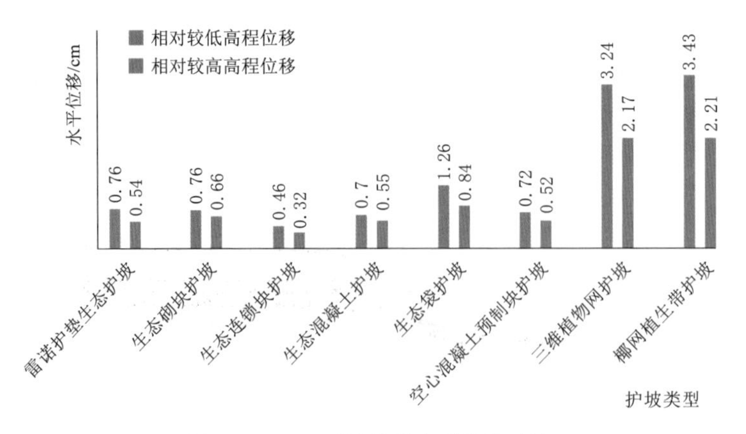

图 3.2-41 不同高程水平位移对比

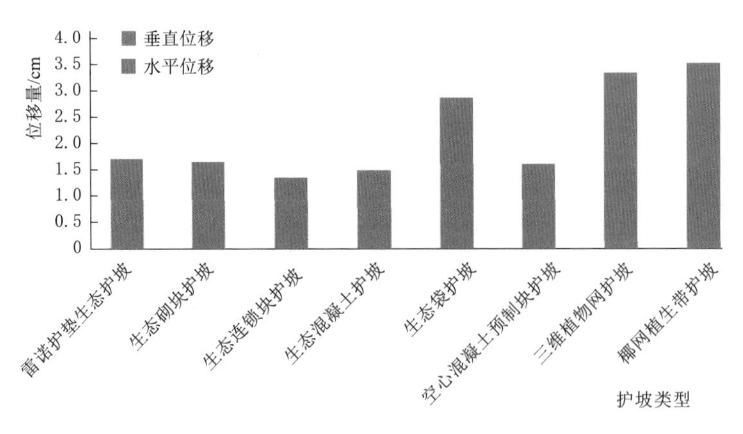

图 3.2-42 不同护坡类型较低高程位移对比

相对最小。

根据现场观测并结合图 3.2-43 可知，高程近似、护坡顶部位产生位移由大至小护坡类型排序为：生态袋护坡、三维植物网护坡、椰网植生带护坡、生态砌块护坡、雷诺护垫生态护坡、空心混凝土预制块护坡、生态混凝土护坡、生态连锁块护坡。通过分析可知，在较高高程水平位移影响较小的情况下，三维排水柔性生态袋护坡位移更大，而混凝土结构虽然自身重力大，但是其结构拥有稳定优势，因此，位移量相对依然较小，其中生态连锁块护坡位移量相对最小。

3.2.3 典型护岸结构稳定性试验结论

波浪传播至堤防岸坡堤前时，由于结构物的存在，波浪将发生变形、破碎和反射。堤前波浪的形态（变形、破碎和反射）与波浪要素、堤坝外部结

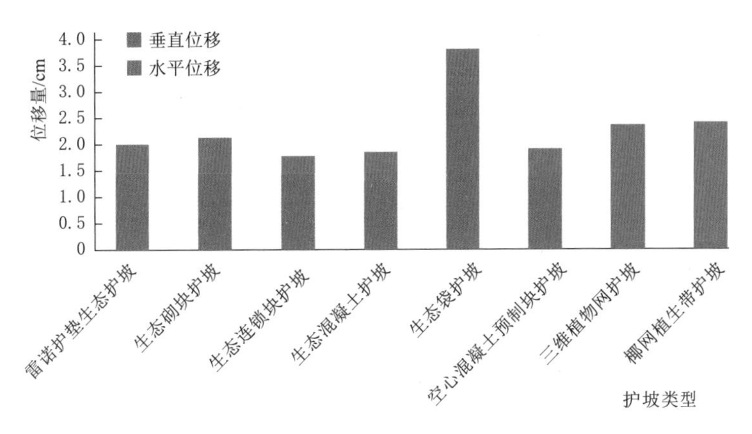

图 3.2-43 不同护坡类型较高高程位移对比

构特征以及内部结构特征有关。

内陆水域堤防主要受波长较短的风浪作用，坡比常为 1∶2～1∶3，堤前波浪形态一般属于卷破波。在这种条件下，波浪爬高和落深较大，波浪作用力也较大。如图 3.2-44 所示，卷破波对护面层的作用可分为破碎、冲击、上爬和回落四个阶段。当波峰来临时，波浪在堤坡上发生破碎，波峰向前翻卷；随后大量水体自上而下地冲击坡面，在砌块上表面产生较大的正压力。该压力在冲击点处最大，自此向上、向下递减；位于水体冲击点的砌块被强大的冲击力推向堤身，而在其上、下未受冲击的砌块则受到浮托力的作用；

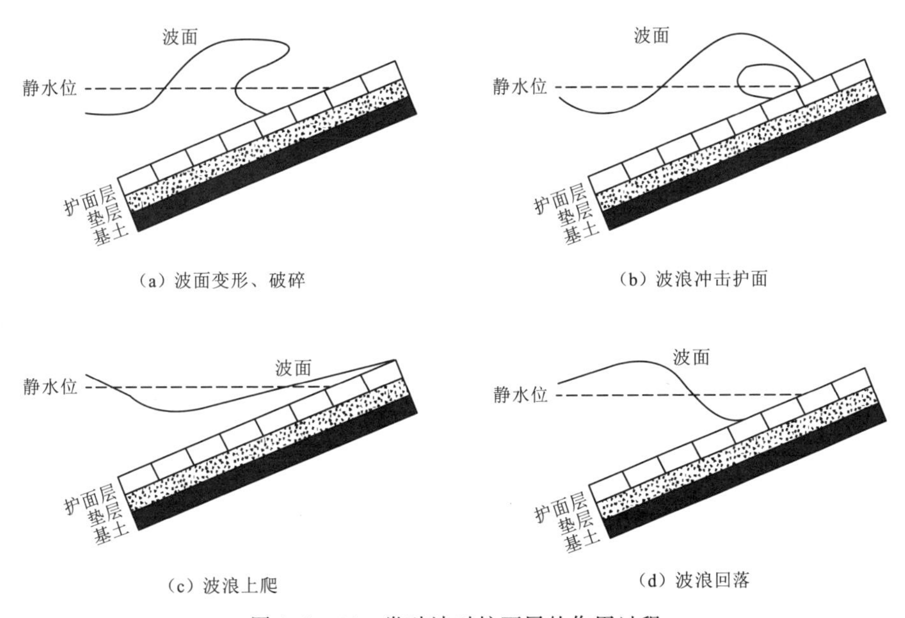

图 3.2-44 卷破波对护面层的作用过程

然后水体沿斜坡向上涌高（上爬），部分水体进入砌块下部垫层及堤体内部，堤内水位升高；水体上爬至最高点后开始回落，砌块上表面水体下落较快，砌块下方垫层内水位下降较慢，护面层内外有一水头差，从而产生净顶托力；当护面层外水位降至最低时（即当下一个波打击斜坡前瞬间）净顶托力最大，该顶托力自最低水位点向上、向下递减。此时垫层内孔隙水从砌块之间缝隙排出。

风浪对堤岸构造物的破坏作用，一直以来都是工程界广泛关注的一个问题。斜坡堤是岸线构造物采用最传统、最广泛的一种形式，它可以用作防波堤、码头、海岸防护结构、运河护坡以及水库土石坝、库岸沿线的防浪护面等。

风浪对斜坡的破坏主要包括两种：①长期作用，即波浪在较长时间内反复对岸坡进行冲刷，一次冲刷的强度不大，但是长时期乃至数年的作用最终造成斜坡堤的破坏，这种破坏对土质或散体斜坡堤尤其明显；②突发性作用，特别是在洪水期水位较高时，历时很短的大浪以及近海飓风巨浪和发生频率极低的海啸，都会在短时间内冲毁堤岸，造成破坏性极大的灾难性后果。

由波浪与岸坡冲击作用过程可以看出，波浪在斜坡上的破碎规律相当复杂，通过实地观测，大部分波浪在斜坡堤的破碎都相当激烈，再加上对波浪的精确观测资料也比较有限，为了搞清波浪和岸坡相互作用的机理，必须研究波浪作用下的动力反应。这个问题涉及波浪沿岸坡的演化规律、堤岸的渗流机理以及堤岸在渗流作用下的动力稳定性的复杂问题，而解决这些问题的关键在于研究波浪作用时，波浪水体在岸坡上的爬升高度、波浪破碎时坡面波压力的大小、堤岸内部的水分迁移、堤身内部孔隙水压力的变化以及土的力学性质（主要是强度）的变化。这一研究可以为堤岸的合理加固和抗洪抢险工作的有序进行提供合理的理论指导。

第4章 生态护岸技术适用条件

根据各类生态护岸的技术特性、破坏方式及原因分析，以及典型生态护岸的稳定性试验研究等内容，结合各类生态护岸技术在鄱阳湖流域河流及湖泊治理中的应用情况，并参考相关文献和厂家提供的资料，从水流条件、地形地质条件及选材条件三个方面提出生态护岸技术的适用条件。

4.1 直立式生态护岸形式适用条件

4.1.1 松木桩护岸

(1) 水流条件：水位相对稳定，水深不宜超过1.0m，流速不大于3m/s的河段。

(2) 地形地质条件：适合河床以泥沙为主的河流，地基较坚硬、碎石块覆盖较多的河床不利于松木桩打入；对于地下水位变化幅度较大或地下水具有较强腐蚀性的地区，不适宜用松木桩，会加快松木桩腐烂速度。

(3) 选材条件：松木桩应选用未去皮的原木桩，直径宜为10～20cm，长度为1.3～2.0m，打入河床深度为松木桩长度的2/3；块石直径宜选用20～60cm；柳条应选用当地生长的柳条。

4.1.2 石笼护岸

(1) 水流条件：石笼护岸具有结构柔韧性好、整体性好、抗冲能力强、对水流流速适应性强等优点，在5～8m/s水流流速条件下结构都可保持稳定；但由于石笼网易挂垃圾、清理难度大，常用于河流两岸人群居住密度小、流速较大的山区型河流的护岸。

(2) 地形地质条件：石笼护岸适用于河岸两侧可用空间有限、岸坡坡度陡于1∶1的地形。石笼护岸结构上仍属重力式挡墙，通过墙体自身重量来维持挡墙在土压力下的稳定，虽然对地基的变形适应能力较强，但对地基承载力有一定的要求。若挡墙基础的地基承载力难以达到要求，则需要进行相应的地基处理。

（3）选材条件：石笼护岸的使用寿命取决于网片和填充石料的质量及其耐久性。网片应选取具有高抗腐蚀、高强度、具有延展性的低碳钢丝或者包覆 PVC 的钢丝，使用机械编织而成。填料采用卵石、片石或块石；空隙率不超过 30%，要求石料质地坚硬，强度等级 MU30，密度不小于 $2.5t/m^3$，遇水不易崩解和水解，抗风化。填料粒径以 100～300mm 为宜，薄片、条状等形状的石料不宜采用，风化岩石、泥岩等也不得用作充填石料。

4.1.3　生态砌块护岸

（1）水流条件：根据福州大学土木工程学院所做的抗冲稳定试验结果，自卡锁式生态砌块挡墙在不同工况下的抗冲流速见表 4.1-1。

表 4.1-1　　不同性质墙后填土对应的挡墙抗冲流速结果表

序号	填土性质	河段	抗冲流速 /(m/s)	备　注
1	粗砂	顺直河段	0.7～0.9	对于局部紊乱区域，该值相应折减
2		弯道凹岸	<0.3	不宜使用
3	黏土	顺直河段	1.2～1.4	
4		弯道凹岸	<0.5	不宜使用
5	砂壤土	顺直河段	1.2～1.4	
6	混合土（碎石+粗砂）	顺直河段	4.8～5.2	
7	混合土（碎石+黏土）	顺直河段	4.8～5.2	
8		弯道凹岸	4.8～5.2	弯道转角为 30°
9	碎石	顺直河段	5.8～6.0	
10		弯道凹岸	5.8～6.0	弯道转角为 30°
11	常水位下填混合土（碎石+粗砂），水上填黏土	顺直河段	1.2～1.4	
12	黏土、生态孔植草	顺直河段	2.9～3.1	
		弯道凹岸	1.9～2.1	弯道转角为 30°

（2）地形地质条件：生态砌块护岸适用于河岸两侧可用空间有限、岸坡坡度陡于 1∶1 的地形。河床淤泥层较深使挡墙基础的地基承载力难以达到要求，或者填土含水率较高难以碾压密实的，会对自卡锁式生态砌块挡墙护岸的稳定造成不利影响；另外，对于地下水和河流水对混凝土具有较强腐蚀性的地区，不适宜用该类护岸形式。

（3）选材条件：混凝土基础强度不小于 C20，生态砌块抗压强度不小于

C25，外形尺寸满足厂家提供的规范要求；土工格栅采用PP或钢塑类格栅材料，其强度应严格按照稳定计算成果选定。

4.2 斜坡式生态护岸形式适用条件

4.2.1 干砌块石护坡

（1）水流条件：干砌块石护坡是依靠块石自重以及块石之间的摩擦力来维持其整体稳定的，抗冲刷能力有限，一般用于湖岸或水流流速不大于3m/s的河岸部位。

（2）地形地质条件：干砌块石护坡常用于自身稳定、坡比缓于1∶2的缓坡。由于设计断面占地面积较大，适用于河面较宽、现状岸坡较为稳固的河岸，主要应用于中小河流和湖泊港湾处，或者凸岸等水流条件平缓的地区。

（3）选材条件：干砌块石石料一般就地就近取材，质量分为石质质量和几何尺寸两方面。对石质要求选用质地坚硬、不易风化的新鲜岩石，其岩性、强度、抗水性、抗冻性均应满足设计要求。石料尺寸与水流流速紧密相关，在水流作用下，防护工程块石保持稳定的抗冲粒径（折算粒径）可按下式计算：

$$d=\frac{v^2}{c^2\times 2g\times \frac{\gamma_s-\gamma}{\gamma}}$$

式中：d为折算直径，m，按球形折算；v为水流速度，m/s；g为重力加速度，9.81m/s^2；c为石块运动的稳定系数，水平底坡$c=0.9$，倾斜底坡$c=1.2$；γ_s为石块的重率，可取2.65kN/m^3；γ为水的重率，可取1kN/m^3。

在不同流速水流作用下，防护工程护脚块石保持稳定的抗冲粒径（折算粒径）计算结果见表4.2-1。

表4.2-1　不同流速水流作用下的抗冲折算粒径计算结果表

水流流速/(m/s)	1.5	2.0	2.5	3.0
折算粒径/m	0.086	0.153	0.238	0.343

根据表4.2-1计算成果，在四种水流流速作用下，护脚块石保持稳定的抗冲粒径（折算粒径）为0.086～0.343m，最大折算粒径采用0.5m，最小折算粒径采用0.1m，且粒径级配良好。

4.2.2 植物护坡

(1) 水流条件：对于行洪流速大于 1m/s 的土质河岸、迎水坡面防洪重点地段的情况下通常不宜采用，一般用于常水位较低、低流速（小于 1m/s）的平原型河道。

(2) 地形地质条件：植物护坡适用于河面较宽，现状岸坡坡度小于 1∶2 的河道，主要应用于中小河流和湖泊港湾处，或者凸岸等水流条件平缓的地区，有一些城市的亲水景观设计中也有采用。

(3) 选材条件：岸坡采用木本植物和草类植物结合的护坡形式，可以同时增强岸坡的整体和局部稳定。在木本和草种的选定过程中，要以耐淹耐旱能力强、固土作用明显、适合于本土生长的草类植物为原则择优选择。选材上应满足以下条件：根系发达、生长快，覆盖或郁闭性好，能在短期内起到水土保持的作用；抗逆性好，适应性广，自我繁殖和更新能力强，具有截留固氮、固土、保水和吸湿改良土壤的作用。适用于鄱阳湖流域生长并且固土能力强的草种有狼牙根、结缕草、马尼拉、假俭草等。

4.2.3 生态袋护坡

(1) 水流条件：生态袋护坡结构稳定、整体性好、极强的抗拉拔力及抗水流冲刷能力，对水流流速适应性强。因此，适用于较大流速（3～5m/s）的河岸防护水流流速下护坡结构。

(2) 地形地质条件：生态袋护坡适用于岸坡坡比缓于 1∶1.5，且本身满足抗滑稳定要求的各类岸坡。

(3) 选材条件：袋体本身的物理力学性能对该护坡技术质量起关键作用。因此，选用的生态袋材质应要符合《土工合成材料　长丝纺粘针刺非织造土工布》（GB/T 17639—2008）的要求，生态袋自身物理力学性能应达到标准断裂强度 7.5kN/m 的产品质量要求。生态袋应具有透水不透土、强抗紫外线性能（评定结果为 4～5 级，其中 5 级最好）、抗湿潮性能、抗化学腐蚀性能、抗生物降解和动物破坏、抗高温低温等优良性能。

4.2.4 生态混凝土护坡

(1) 水流条件：生态混凝土护坡形式不受水位的限制，常用于河道流速不大于 5m/s 的河道治理中。

(2) 地形地质条件：生态混凝土护坡适用于坡比缓于 1∶2.0 且深层保持稳定的边坡，不适宜植物生长的寒冷地区，或存在季节性冰推、冰冻的防护面上。

（3）选材条件：生态混凝土构件抗压强度（28d）需达到10～25MPa，透水系数0.1cm/s以上，空隙率为20%～30%，pH不大于9。所选种植物应适应当地生长环境，具备耐旱、耐淹的特性。

4.2.5 生态连锁块护坡

（1）水流条件：生态连锁块护坡具有结构整体性好、抗冲能力较强，对水流流速适应性强，可适用于流速不大于3m/s的河段河岸防护。

（2）地形地质条件：生态连锁块护坡利用混凝土预制块保护岸坡表面防止雨水、河道水流直接冲刷造成岸坡破坏，适用于岸坡自身稳定的河流。土坡的坡比宜不大于1∶1.5，砂质土坡坡比宜不大于1∶2.0。

（3）选材条件：生态连锁块护坡技术的关键为连锁块的质量，对连锁块的预制混凝土强度要求较高，一般采用C20混凝土，建议厚度应不小于80mm。

4.2.6 人工纤维草垫护坡

（1）水流条件：适用于河流常水位以上岸坡，且宜用于流速较缓区域；对于常水位以下，行洪速度大于3m/s的土质河岸迎水坡面、防洪重点地段、风浪淘刷较强情况下通常不宜采用。

（2）地形地质条件：人工纤维草垫护坡适用于岸坡坡度缓于1∶2、现状岸坡能保持自身稳定的河道，主要应用于中小河流和湖泊港湾处，或者凸岸等水流条件平缓的地区，在一些城市的亲水景观设计中也有采用。

（3）选材条件：网垫有较多生产厂家可供选择，运输方便，选材条件良好。坡面绿化应选择能够适应当地气候、土质等生长条件，根系发达、茎叶密集、生长迅速的草种。

4.2.7 混凝土框格草皮护坡

（1）水流条件：混凝土框格草皮护坡混凝土材料占比较小，草皮所占面积较大，因此，对于行洪流速大于1m/s的土质河岸、迎水坡面防洪重点地段的情况下通常不宜采用，一般用于流速小于1m/s、受风浪和水流淘刷较轻的岸坡防护。

（2）地形地质条件：适用于现状岸坡坡度缓于1∶2.0、河道比降较缓的河流及湖堤常水位以上、迎水坡滩地较宽的边坡。

（3）选材条件：现浇混凝土或预制块强度等级应不低于C15。

4.2.8 空心混凝土预制块护坡

（1）水流条件：空心混凝土预制块护坡技术抗冲能力较差，一般用于常水位较低、低流速（小于 2m/s）的河湖段岸坡防护，或与其他挡墙组合设计，将空心混凝土预制块铺设在常水位以上位置。

（2）地形地质条件：空心混凝土预制块护坡适用于岸坡坡度缓于 1∶2.0、现状岸坡能保持自身稳定的河道，主要应用于中小河流和湖泊港湾处，或者凸岸等水流条件较平缓的区域。

（3）选材条件：空心混凝土预制块护坡技术的核心为混凝土预制块的质量，对混凝土预制块的强度要求较高，一般采用 C20 或者 C25 混凝土。预制块厚度是影响其稳定性的首要因素，因此可根据现场实际情况进行选择，建议厚度应不小于 80mm，混凝土宽度不小于 50mm；草种宜选择狗牙根、扁穗牛鞭草等。

4.2.9 阶梯式挡墙护坡

（1）水流条件：阶梯式挡墙护坡技术具有结构柔韧性好、整体性好、抗冲能力强、对水流流速适应性强等优点，在 5～8m/s 水流流速条件下结构均可保持稳定，可适用于较大流速的河湖岸坡防护。

（2）地形地质条件：阶梯式挡墙护坡适用于河岸两侧可用空间有限、岸坡坡度陡于 1∶1 的地形。该护坡技术对地基持力层有一定的要求，若河床淤泥层较深使挡墙基础的地基承载力难以达到要求，或者填土含水率较高难以碾压密实的，则会对挡墙护坡的稳定性造成不利影响；另外，地下水和河流水对混凝土具有较强腐蚀性的地区，不适宜用该类护坡形式。

（3）选材条件：混凝土基础强度不小于 C20，砌块抗压强度不小于 C25，外形尺寸满足厂家提供的规范要求；植物选择宜以当地植物为主。

4.2.10 聚氨酯碎石护坡

（1）水流条件：聚氨酯碎石同时具备混凝土材料的牢固性和多孔性，具有较好的防浪性、抗冲性和耐久性，该护坡技术可用于流速不大于 4m/s 的河道治理以及受波浪冲刷的湖库治理中。

（2）地形地质条件：适用于岸坡坡度缓于 1∶1.5、现状岸坡能保持深层稳定的边坡，不适宜植物生长的寒冷地区，或存在季节性冰推、冰冻的防护面上。

（3）选材条件：聚氨酯碎石护坡所选用的碎石宜采用单级配，粒径一般为 20～40mm；所用聚氨酯材料均应满足相关规范要求。

4.2.11　土工格室护坡

（1）水流条件：土工格室护坡综合了格室的强度和植物护坡的优点，能起到复合护坡的作用。植物生长茂盛时，能抵抗冲刷的径流流速为一般草皮的2～3倍。因此，一般适用于河流常水位以上、流速较缓（不大于2m/s）的河流或湖岸；对于常水位以下，行洪速度大于3m/s的土质河岸迎水坡面、防洪重点地段、风浪淘刷较强的区域通常不宜采用。

（2）地形地质条件：适用于岸坡坡度缓于1∶2.0、现状岸坡能保持自身稳定的河道，主要应用于中小河流和湖泊港湾处，或者凸岸等水流条件较平缓的区域。在一些城市的亲水景观设计中也有采用。

（3）选材条件：土工格室有较多生产厂家可供选择，运输方便，选材条件良好。

4.3　新型生态护岸形式适用条件

4.3.1　反砌法生态挡墙护岸

（1）水流条件：反砌法生态挡墙护岸具有结构稳定性好、整体性好、抗冲能力强、对水流流速适应性强等优点，在5～8m/s水流流速条件下结构均可保持稳定，可适用于有较大流速的河湖岸坡防护。

（2）地形地质条件：反砌法生态挡墙护岸适用于河岸两侧可用空间有限、岸坡坡度陡于1∶1的地形。该护岸技术对地基持力层有一定的要求，若河床淤泥层较深使挡墙基础的地基承载力难以达到要求，或者填土含水率较高难以碾压密实的，会对挡墙护岸的稳定造成不利影响。

（3）选材条件：石料一般就地就近取材，质量分为石质质量和几何尺寸两方面，要求选用质地坚硬、不易风化的新鲜岩石，其岩性、强度、抗水性、抗冻性均应满足设计要求。生态混凝土透水系数在0.1cm/s以上，空隙率为20%～30%，pH不大于9。所选种植物应适应当地生长环境，具备耐旱、耐淹的特性。

4.3.2　硬质护岸生态化改造

（1）水流条件：硬质护岸生态化改造技术由于是在原护岸表面进行生态化改造的一种技术，利用锚固棒将雷诺护垫、生态袋固定在坡面上，其抗冲能力一般，适用于流速不大于5m/s的河湖岸坡防护。

（2）地形地质条件：该技术对地形地质没有特殊要求，只要在挡墙后有相应的场地进行储水井的开挖即可。

（3）选材条件如下。

1）生态袋本身的物理力学性能对该护岸技术质量起关键作用。因此，选用的生态袋材质应要符合《土工合成材料　长丝纺粘针刺非织造土工布》（GB/T 17639—2008）的要求，生态袋自身物理力学性能应达到标准断裂强度 7.5kN/m 的产品质量要求。生态袋应满足具有透水不透土、强抗紫外线性能（评定结果为 4～5 级，其中 5 级最好）、抗湿潮性能、抗化学腐蚀性能、抗生物降解和动物破坏、抗高温低温等优良性能。

2）雷诺护垫的使用寿命取决于网片和填充石料的质量及其耐久性。网片应选取具有高抗腐蚀、高强度、具有延展性的低碳钢丝或者包覆 PVC 的钢丝机械编织而成；填料采用卵石、片石或块石；空隙率不超过 30%，要求石料质地坚硬，强度等级 MU30，密度不小于 $2.5t/m^3$，遇水不易崩解和水解，抗风化。填料粒径以 100～300mm 为宜；薄片、条状等形状的石料不宜采用，风化岩石、泥岩等亦不得用作充填石料。

3）其他材料都是市场常用材料，使用时应满足质量要求。

第5章 生态护岸技术应用要点分析

本章从设计、施工、质量检测与评定等方面对16种生态护岸（坡）应用技术要点进行介绍与分析。

5.1 直立式生态护岸技术应用要点分析

5.1.1 松木桩护岸

5.1.1.1 设计要点

（1）应综合地形、地质、冲刷深度等因素确定临水侧木桩的护脚方式，可采用抛石固脚或埋置石笼固脚。

（2）根据岸坡高度、坡度及土质情况，设计单排、双排或多排松木桩护岸结构，也可在常水位以上位置设置其他形式的生态护坡与之衔接。

（3）松木桩入土长度不小于1.5m，间距不大于0.3m；块石粒径不小于30cm。

（4）材料选择要求：松木桩应选用粗细均匀、平直无枯萎、未腐朽、未去皮的原木桩，直径宜为15～20cm，长度宜为2.0～2.5m；块石宜选用粒径为30～40cm、尺寸较均一的石料；扦插植物应选用丛生、根系发达、分蘖力强的活体柳枝。

5.1.1.2 施工工艺流程及质量控制要点

1. 施工准备

松木桩的制作：桩径按设计要求控制，外形直顺光圆；应将松木桩底部削成30cm长的尖头；对松木桩进行防腐处理；待准备好总桩数80%以上的桩时，进行打桩施工。

2. 施工工艺流程

松木桩护岸施工工艺流程为：基准线定位和施工测量→土方开挖→打入木桩→木桩岸线矫正→块石砌筑→扦插柳条。

（1）基准线定位和施工测量。松木桩施工前，由测量人员依据设计图纸进行放样，确定每个木桩打设的位置，采用测量用木桩予以标记。

（2）土方开挖。清除原地表的种植土、有机土、植物根系至天然土层，如遇松土时，先压实后进行填筑。必要时应将松土翻挖，回填、找平、碾实。

（3）打入木桩。沿堤岸方向每约50m打一根试桩，以大概确定桩长，为确保试桩成功，配桩长度比同位置桩的有效长度大0.5m。由打桩机卷扬吊起松木桩人工配合对准桩位，稳定后，轻击慢放待桩入土一定深度，校正垂直，桩位偏差均符合要求后才能正常锤桩贯入，直到没有明显打入量为止，确保松木桩垂直打入持力层；为使挤密效果好，提高地基承载力，打桩时必须由基底四周往内圈施打。在锤击贯入过程中发现土中有硬物时，拔出松木桩，在桩下端安装铁桩尖后重新校正锤桩；锤桩过程中，要注意桩身有无位移和倾斜现象，如发现问题应及早纠正使其恢复正常。松木桩入土长度和相邻间距应符合设计要求。

（4）木桩岸线矫正。对桩顶进行现场矫正，使木桩中心处在一条直线上。根据设计控制高程，锯平桩头。

（5）块石砌筑。在松木桩排桩后砌筑块石，块石砌筑时缝宽应不大于1cm，严禁底部架空，砌石表面应尽量平整。

（6）扦插柳条。扦插柳枝时应通过石缝将枝条插入土中至少5cm。

5.1.1.3 质量检测与评定标准

松木桩护岸工程施工质量检测和评定标准见表5.1-1。

表5.1-1 松木桩护岸工程施工质量检测与评定标准表

项次		检验项目	质量标准	检验数量
主控项目	1	木桩断面尺寸	满足设计要求	全数检查
	2	木桩规格和强度	满足设计要求	每批次抽样1次
	3	木桩入土长度	≥1.5m	每20m用直尺检查3处
一般项目	1	施工工艺	符合施工规定	施工记录及监视
	2	轴线位置允许偏差	±50mm	每20m检测1次
	3	桩顶高程允许偏差	±50mm	每20m检测1次
	4	桩身垂直度	±5%	每20m检测1次
	5	木桩相邻间距	≤0.3m	每20m用直尺检查3处
	6	块石平整度	±2cm	每20m用靠尺检查3处
	7	块石厚度	≥30cm	每20m用撬棍撬开块石，用直尺测量厚度3处
	8	柳条扦插深度	≥5cm	现场随机抽查

5.1.2 石笼护岸

5.1.2.1 设计要点

（1）应综合地形、地质、冲刷深度等因素确定石笼固脚埋置深度。

（2）根据岸坡高度、坡度情况，可在常水位以下设计单层或多层石笼护岸结构，常水位以上位置设置其他形式的生态护坡与之衔接。

（3）采用符合设计要求的石料填充，填充时采用机械分层填充，每层的厚度控制在25cm以下，不得一次填满。考虑到石头的沉降问题，表层填石应适当高出网箱，确保填充密实，无空隙。对于外露部位，需施工人员整平，确保外部美观。

（4）土工布铺设应自下而上进行，自下游侧依次向上游侧进行。在顶部和底部应予以固定，坡面上设防滑钉，随铺随压重。相邻土工布连接采用搭接的方式，土工布搭接宽度不小于30cm。

（5）石笼材料要求采用六边形双绞合钢丝网制作而成的一种网箱结构，网面由镀锌覆高耐磨有机涂层低碳钢丝通过机器编织而成，符合《工程用机编钢丝网及组合体》（YB/T 4190—2018）的要求。格宾网片网孔必须均匀，不得扭曲变形。格宾石笼网面标称拉伸强度不小于42kN/m，网面标称翻边强度不小于35kN/m。

（6）填充石料要求采用块石或卵石。容重要求达到18～19kN/m^3，强度等级不小于35MPa，软化系数不低于0.7，要求石料质地坚硬，遇水不易崩解和水解，抗风化。填充空隙率不大于30%。格宾石笼挡墙填料粒径以100～300mm为宜。

5.1.2.2 施工工艺流程及质量控制要点

1. 施工准备

（1）石笼的购置与存放。采购的石笼规格尺寸应满足设计要求，有出厂合格证及检验合格报告；现场存放应平铺在地面上，避免发生折断、顶破等问题。

（2）块石的选取与运输。块石应选取新鲜无风化的材料。薄片、条状等形状的石料不宜采用，风化岩石、泥岩等不得用作充填石料。

2. 施工工艺流程

石笼护岸施工工艺流程为：基准线定位和施工测量→基础开挖→清基→格宾石笼组装、摆放→石料填充→格宾石笼网盖板绞合→墙后铺设土工布→回填土压实。

（1）基准线定位和施工测量。施工前，依据设计图纸进行放样，确定基准线。

（2）基础开挖。根据设计要求开挖基槽，满足深度和宽度要求。

（3）清基。通常情况下，格宾石笼挡墙下基底土层都需要进行地基处理。采用搅拌桩、松木桩、抛石等方式，以达到设计承载力、施工方便经济为准。

（4）格宾石笼组装、摆放。首先展开格宾石笼，整平底板，接着立起隔板，注意防止踩踏位置不对而造成隔板高度不一致；再用木板压住边板底部边线，折起边板；确保底板在同一直线上，且边板有足够的高度。

（5）石料填充。从坡底往坡顶方向进行装填。逐格往坡顶方向装填，避免由于没装填满露出隔板而造成隔板弯曲；同时为了避免单边装填所引起的顺坡方向的边坡往两边弯曲变形，边坡两边的石头同时进行装填；装填时应有2.5～5cm的超高，雷诺护垫内部装填的石头应采用人工摆放，尽量减少孔隙率，表面平整。

（6）格宾石笼网盖板绞合。对装填时造成弯曲的隔板进行校正，对已装填的石头进行平整；铺上盖板，用剪好的1.3m长的钢丝将盖子边缘与边板边缘、盖板与隔板上边缘绞合在一起；其中，靠在一起边板边缘及盖板边缘一起绞合（有4条边）；绞合时每间隔大约15cm单、双圈间隔绞，并且每根剪断钢丝绞合长度不超过1m（一般绞合1m长边缘用1.3长钢丝）。

（7）墙后铺设土工布。在与岸侧土交界处铺设土工布。

（8）回填土压实。用土回填。

5.1.2.3 质量检测与评定标准

石笼护岸工程施工质量检测和评定标准见表5.1－2。

表5.1－2　　石笼护岸工程施工质量检测和评定标准表

项次		检验项目	质量要求	检验方法	检验数量
主控项目	1	笼体材质	符合设计及规范要求	查阅出厂合格证、材料试验或检验报告	全面检查
	2	石料质量、规格	质地坚硬，无风化，最小边尺寸不小于笼体孔眼尺寸各方向的最大值，且满足设计规定的粒径级配要求	观察、量测	全面检查
	3	笼体组装及填料	笼体绑扎牢固结实；填料紧密、平整、饱满	观察	全部
	4	笼体护体	饱满密实，不应有掉笼、散笼、架空现象，笼体接缝应错开，笼之间的联系应牢固	观察	全部

续表

项次		检验项目	质 量 要 求	检验方法	检验数量
一般项目	1	笼体孔眼尺寸	允许偏差：20mm	量测	每个笼体不少于4个点
	2	笼体长度	允许偏差：－20～100mm	量测	每 10m 不少于1个点
	3	笼体宽度	允许偏差：－20～100mm	量测	
	4	笼体高度	允许偏差：－20～100mm	量测	
	5	护砌高程	允许偏差：－100～100mm	量测	

5.1.3　生态砌块护岸

5.1.3.1　设计要点

（1）应综合地形、地质、冲刷深度等因素确定生态砌块基础形式及埋置深度。

（2）生态砌块具体尺寸及铺设要求根据选定品牌型号确定。砌块单轴抗压强度应符合相关设计规范要求，一般不小于 20MPa。

（3）土工格栅性能指标必须满足设计要求，一般强度不小于 40kN/m，延伸率不大于 18%。土工格栅摆放好后，需对墙后进行回填，回填要求和紧实程度都应符合设计要求。

5.1.3.2　施工工艺流程及质量控制要点

1. 施工准备

（1）生态砌块的采购和堆放。根据设计要求，选择合适品牌和型号；堆放尽量靠近作业面，避免搬运破损。

（2）施工放样。根据现场的实际情况测量放样，同时进行施工作业人员、材料、设备、机具和劳保安全器材的配置等各项工作的准备。

2. 施工工艺流程

生态砌块护岸施工工艺流程为：浇筑混凝土基础→安装基础砌块→逐层安装主砌块→铺设土工格栅→填土压实（分层）→砌筑压顶砌块→立面绿化与养护。

（1）浇筑混凝土基础。采用挖掘机进行土方开挖，基坑开挖好后，检查基坑的平整度和宽度，然后浇筑混凝土基础。

（2）安装基础砌块。基础砌块应根据轴线拉线排砌，整齐划一。基础砌块一般靠紧砌筑；对于相邻基础砌块之间的竖缝，当墙前的泥土面高于基础砌块时，其竖缝为干砌；当墙前的泥土面低于基础砌块脊顶时，以脊顶为界的后侧竖缝，必须做水泥砂浆勾缝，防止墙后土体流失。

（3）逐层安装主砌块。主砌块为干砌安装，上下层砌块错位，按生态孔宽度为 110mm 施工。砌块顶面必须清理干净。在面向挡土区的一侧，上层砌块的大下斜面与下层砌块的大上斜坡须靠紧；压顶砌块的砌筑亦参照此法。

砌块安装要水平，不允许外侧低于内侧。

(4) 铺设土工格栅。挡墙采用的土工格栅，其性能指标须满足设计要求；格栅在沿挡墙延长方向的搭接长度不小于10cm；铺设土工格栅时，若为点焊的土工格栅，垂直于挡墙的栅条应当处在平行于挡墙的栅条下面；土工格栅应拉平绷紧、平铺；为临时绷直土工格栅，可用钩钎、短木条等固定在下层碾压土上。

(5) 填土压实（分层）。大型设备或车辆不得直接压在土工格栅上，施工时采用倒退法填土。在距离砌块背后1m以内不得使用大型碾压机，应采用蛙式夯、平板振动器或人工夯等措施。回填土压实度、密实度应符合设计要求。

(6) 砌筑压顶砌块。压顶砌块采用砂浆砌筑，通过砂浆调整标高确保其标高满足设计要求，但砂浆厚度不大于6mm，同时必须保持自挡土高度大于10mm。

(7) 立面绿化与养护。根据设计要求，在空隙处做好植被的种植与养护。

5.1.3.3 质量检测与评定标准

生态砌块护岸工程施工质量检测和评定标准见表5.1-3。

表5.1-3 生态砌块护岸工程施工质量检测和评定标准表

<table>
<tr><th colspan="2">项次</th><th colspan="2">检验项目</th><th>质量标准</th><th>检验方法</th><th>检验数量</th></tr>
<tr><td rowspan="4">主控项目</td><td>1</td><td colspan="2">砌块外观质量检查</td><td>具有质量合格证，核实强度等级、完好率；尺寸偏差满足设计要求</td><td>观察量测</td><td>全数</td></tr>
<tr><td>2</td><td colspan="2">垒砌质量</td><td>垒砌应自下而上错缝进行，咬扣紧密、错缝锚固孔完好，锚筋或高强纤维连接牢固，符合设计要求</td><td>观察</td><td>全数</td></tr>
<tr><td>3</td><td colspan="2">土工织物铺设</td><td>土工织物铺设工艺符合要求，搭接或缝接符合设计要求，缝接宽度为10cm；搭接宽度为30～50cm</td><td>检查</td><td>全数</td></tr>
<tr><td>4</td><td colspan="2">回填土压实</td><td>碾压参数符合碾压试验确定的参数值，压实度不小于设计要求</td><td>试验检测</td><td>每层1次（200m² 或50延米）不少于3个测点</td></tr>
<tr><td rowspan="4">一般项目</td><td rowspan="2">1</td><td rowspan="2">砌体位置、尺寸允许偏差</td><td>轴线位置偏移</td><td>10m</td><td>量测</td><td>每10延米检查1个点</td></tr>
<tr><td>顶面标高</td><td>±2mm</td><td>量测</td><td>每10延米检查1个点</td></tr>
<tr><td>2</td><td colspan="2">混凝土基础</td><td>混凝土基础强度、外观尺寸满足设计要求</td><td>检测、量测</td><td>每100m检测1次</td></tr>
<tr><td>3</td><td colspan="2">土工布质量</td><td>物理性能、力学性能、耐久性指标均符合设计要求</td><td>查阅、检测</td><td>每批次或每单位工程取样1～3组进行试验检测</td></tr>
</table>

5.2 斜坡式生态护岸技术应用要点分析

5.2.1 干砌块石护坡

5.2.1.1 设计要点

（1）应综合地形、地质、冲刷深度等因素确定固脚形式及埋置深度。

（2）干砌块石护坡常为缓坡，坡比一般不大于 1∶2.0；为保证砌石体表面平整，应先将土质边坡进行整平，并铺设反滤层。

（3）针对块石的不规则性及松散性特征，常在坡顶设置浆砌石或混凝土压顶，满足坡顶稳定及美观要求。

5.2.1.2 施工工艺流程及质量控制要点

1. 施工准备

（1）原材料采购及存放。建筑材料采购时均应满足相关技术规范（或产品标准），并送实验室进行检测，经检验合格后使用。

（2）空心混凝土预制块准备。可在预制场浇筑，也可到市场购置成品。在转运、装卸、堆置时，应小心慢放，现场堆放应避免预制块破碎。

2. 施工工艺流程

干砌块石护坡施工工艺流程为：基准线定位和施工测量→清杂清表→坡面整平压实→固脚体的实施→垫层设置→块石砌筑→设置压顶梁。

（1）基准线定位和施工测量。根据设计文件进行测量放线，分别在坡脚、坡中、坡顶设立木桩，标出清基及削坡线、垫层线、砌石线。

（2）清杂清表。将基础及坡面淤泥、腐殖土及杂草、树根等清除干净。

（3）坡面整平压实。按测量放线成果进行清基削坡，对坑洼部位回填夯实。

（4）固脚体的实施。固脚体可采用抛石、浆砌石底梁和混凝土底梁等结构。

（5）垫层设置。按设计厚度由反铲摊铺到坡面上，人工进行整平，并用夯板进行夯实，垫层施工与砌石施工应交替进行，防止砌石施工时破坏已夯实的垫层。

（6）块石砌筑。石料应经过手锤加工或手凿，打击口面，使其大致方正，且面石不得有节理裂隙。砌筑先按设计图立好样架，拉好线，先每 20m 左右放一条斜线样并砌好样石，然后以样石为基准拉双线自下而上进行砌筑，边砌边修凿，块石相互错缝；砌体底层应选用较大的精选块石，石料应分层错缝砌筑，砌层应大致水平，不允许出现通缝，干砌块石的石块之间一定要缝隙小，缝隙应控制在3cm以内；块石凹面向上，不允许用碎石填缝、垫底。干砌块石施工按照规定的质量标准要求，各石间结合要紧密，严格防止和控制对缝、咬牙缝、悬石、虚棱石、燕子窝等弊端，做到“平、稳、错”。

（7）设置压顶梁。压顶梁常采用浆砌石、混凝土等结构。

5.2.1.3 质量检测与评定标准

依据《水利水电工程单元工程施工质量验收评定标准——堤防工程》（SL 634—2012），干砌块石护坡工程施工质量检测和评定标准见表5.2-1。

表5.2-1 干砌块石护坡工程施工质量检测和评定标准表

<table>
<tr><th colspan="2">项次</th><th>检验项目</th><th>质量要求</th><th>检验方法</th><th>检验数量</th></tr>
<tr><td rowspan="3">主控项目</td><td>1</td><td>护坡厚度</td><td>厚度小于50cm，允许偏差为±5cm；厚度大于50cm，允许偏差为±10%</td><td>量测</td><td>每50～100m² 测1次</td></tr>
<tr><td>2</td><td>坡面平整度</td><td>允许偏差为±8cm</td><td>量测</td><td>每50～100m² 检测1处</td></tr>
<tr><td>3</td><td>石料块重</td><td>除腹石和嵌缝石外，面石用料符合设计要求</td><td>量测</td><td>沿护坡长度方向每20m检查1m²</td></tr>
<tr><td rowspan="2">一般项目</td><td>1</td><td>砌石坡度</td><td>不陡于设计坡度</td><td>量测</td><td>沿护坡长度方向每20m检测1处</td></tr>
<tr><td>2</td><td>砌筑质量</td><td>石块稳固、无松动，无宽度在1.5cm以上、长度在50cm以上的连续缝</td><td>检查</td><td>沿护坡长度方向每20m检测1处</td></tr>
<tr><td colspan="6">备注：1级、2级、3级堤防石料块重的合格率分别应不小于90%、85%、80%。</td></tr>
</table>

5.2.2 植物护坡

5.2.2.1 设计要点

（1）植物护坡常用于河湖边坡平缓、水流缓慢的平原型河流顶部或背水坡，在不常受水流冲刷的区域选用。

（2）应综合地形、地质、冲刷深度等因素确定临水侧护脚方式及高度，再根据岸坡坡度及土质情况，选取适应的植物类型及铺种方式。

（3）植物应选用适合在当地生长的类型。

5.2.2.2 施工工艺流程及质量控制要点

1. 施工准备

植物选种和配置。根据现场的实际情况测量放样，同时进行施工作业人员、材料、设备、机具和劳保安全器材的配置等各项工作的准备。

2. 施工工艺流程

植被护坡的施工工艺流程为：坡面平整→基础开挖、护脚→添加营养层→坡面植被、草料种植→养护。

(1) 坡面平整。严格按测量放线成果进行清基削坡，按设计坡度进行削坡，对坑洼部位按要求进行回填夯实。

(2) 基础开挖、护脚。清除原地表的种植土、有机土、植物根系至天然土层，如遇松土时，先压实后进行填筑。必要时应将松土翻挖，回填、找平、碾实。

(3) 添加营养层。营养土层选择就近的复合肥、磷酸钙、保水剂等进行配制，按照一定比例搅拌，将营养土搅拌均匀之后进行铺设。下置式构造可以在经过处理之后的基层之上铺设厚为120mm左右的营养土，然后再播种草种；上置式构造则可以在绿色生态混凝土上铺设厚为100mm左右的营养土。

(4) 坡面植被、草料种植。人工种草主要施工流程宜为施工准备→表土耕作→种子撒播→养护管理。铺设草皮主要施工流程宜为表土耕作→草皮铺设→养护管理。栽植或扦插主要施工流程为栽植穴开挖→栽植或扦插→养护管理。

(5) 养护。养护期间尽量保持土壤湿润，待植物护坡生长基本成形后，对土壤的中的水分散失有一定的保护性时，再逐步减少养护次数。

5.2.2.3 质量检测与评定标准

植物护坡工程施工质量检测和评定标准见表5.2-2。

表5.2-2　植物护坡工程施工质量检测和评定标准表

项次		检验项目	质量标准	检验方法	检验数量
主控项目	1	种植土配合比及厚度	种植土组分配合比满足植被生长要求，填铺后的允许偏差为0～3cm	量测	每50～100m² 检测1次
	2	种子质量	符合设计要求	观测测量	每批次1次
	3	草皮质量	符合设计要求，草皮长宽尺寸、厚度均匀，杂草不超过5%，草高适度，根系好，草芯鲜活	观察	按面积抽查10%，4m² 为一点，不少于5个点。<30m² 应全数检查
	4	植被成活率	90%或符合设计要求	检测	每50～100m² 检测1次
	5	种子	种子发芽率	试验检测	每批次1次
一般项目	1	铺植密度	符合设计要求	检测	全面
	2	铺植范围	长度允许偏差±30cm，宽度允许偏差±20cm	量测	每20m检查1处
	3	排水沟	符合设计要求	检查	全面

5.2.3 生态袋护坡

5.2.3.1 设计要点

（1）应综合地形、地质等因素确定生态袋的摆放方式。

（2）袋体为抗紫外线、抗老化、抗磨损的高强度生态环保高分子复合材料，袋体尺寸一般为810mm×430mm（长×宽），装土后大约为650mm×300mm×150mm（长×宽×厚）。

（3）草种选择与草皮护坡的要求相同，种植方式为将草籽和营养剂混合液通过液压喷播方式喷至袋面。

（4）下端设置混凝土齿槽600mm×800mm（宽×高），有冲刷深度要求的除外；齿槽顺堤向长度每5m设置1条伸缩缝，缝宽20mm，采用沥青杉板嵌缝。

5.2.3.2 施工工艺流程及质量控制要点

1. 施工准备

原材料采购及存放，各种建筑材料均应满足规范，经检验合格后使用。根据现场的实际情况测量放样，进行施工作业人员、材料、设备、机具和劳保安全器材的配置等各项工作的准备。

2. 施工工艺流程

生态袋护坡的施工工艺流程为：岸坡修整→基础开挖→生态袋装土封装→底部基础层安装施工→中上部生态袋安装施工→封顶与压顶→排水系统设置→植物种植与养护。

（1）岸坡修整。清除坡面的树枝、树根、垃圾、杂物等，做到坡面整洁；清除坡面的松石、浮土层；机械修坡时严禁超线修整，避免超挖产生的回填，一般要留有大约15cm厚的基土在垒砌时由人工修整。

（2）基础开挖。基础开挖根据设计要求开挖基槽，满足当前深度和宽度要求。

（3）生态袋装土封装。

（4）底部基础层安装施工。基础承载力应不低于140kPa，对于不满足条件部位，需处理后方可进行施工。

（5）中上部生态袋安装施工。

1）纵向拉线，每层的平整度和纵向线条；坡向拉线，每50m长为一段，从坡脚到坡顶一根坡比线。垒砌时袋体内填充土要均匀充满袋体，缝线朝向坡内，同层生态袋扎口摆放方向一致，袋体外边线距纵向标线1cm，袋体摆放平整，由低到高，层层错缝，袋与袋之间相接紧密。

2）联结扣设置。在标准线内侧将联结扣骑缝放置于两袋之间的接缝上，使每一个三维排水联结扣骑缝跨连两个袋子，再用钉锤将三维排水联结扣下侧 6 个棘爪（基础袋下联结扣反置）敲击刺穿袋子的中腹正下面。

3）袋体夯实整型。袋子敷设完成后用铁（木）夯实，将表面及外侧拍打平整，与标准线同高；检查袋体菱角线是否与标准线相符合，不符合要求的部位应立即调整。做到“顺直、平整、密实”，袋体外露部分不能起皱，相邻袋体无明显高差。

4）人工回填和修坡。每做一层生态袋，坡内都会有 3～15cm 宽、15cm 厚的回填土，要求回填料不能有大块土料和大粒卵石，回填部位必须夯密实，其密实度应不低于 90%，回填土面保持与袋体平行。回填夯压整平的同时，就在进行上一层袋的边坡修整，修整要求要比成形袋体宽 5～10cm。

5）生态袋堆叠摆放有全顺、二顺一丁、一顺一丁、全丁四种形式（见表 5.2－3）。

表 5.2－3　生态袋堆叠摆放形式汇总表

形式	示意图
全顺	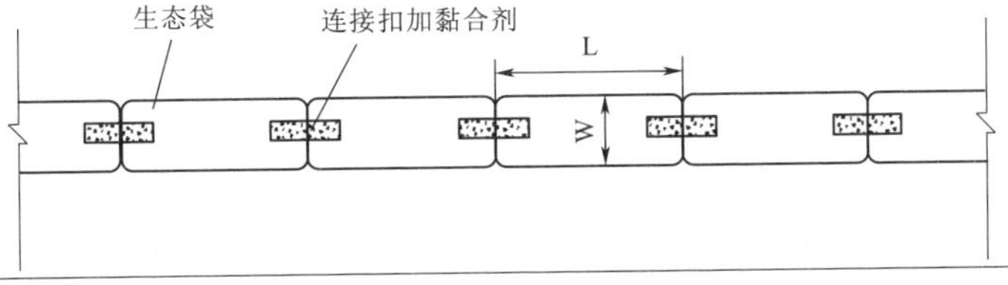 生态袋；连接扣加黏合剂；L；W
二顺一丁	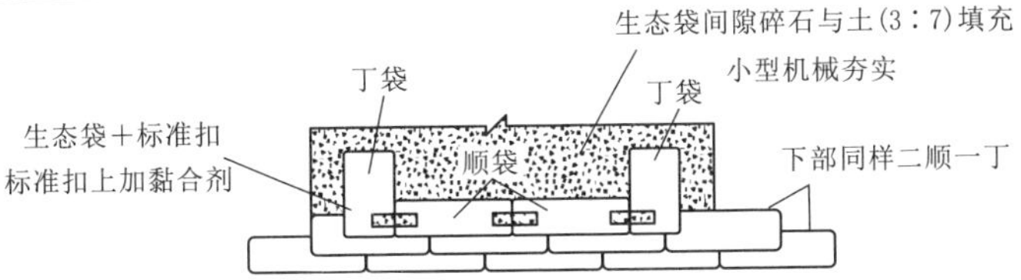 生态袋间隙碎石与土(3∶7)填充；小型机械夯实；丁袋；丁袋；生态袋＋标准扣；标准扣上加黏合剂；顺袋；下部同样二顺一丁
一顺一丁	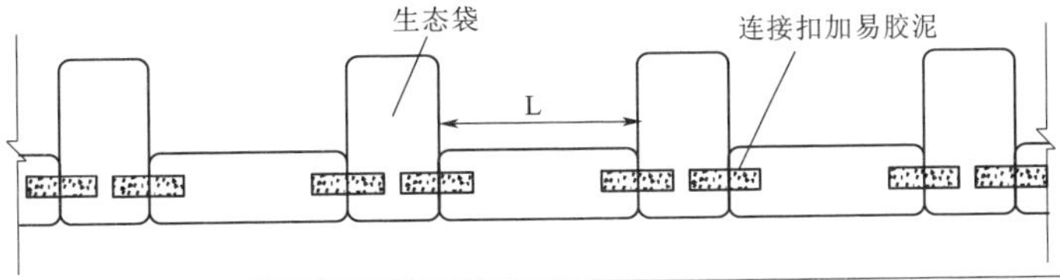 生态袋；连接扣加易胶泥；L
全丁	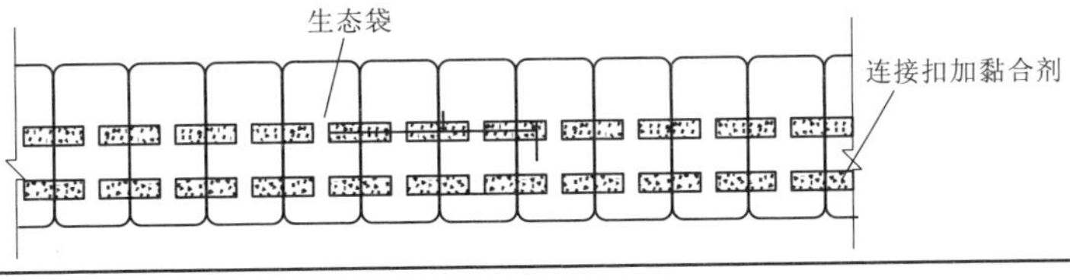 生态袋；连接扣加黏合剂

(6) 封顶与压顶。生态袋垒砌每完成垂直高 2m 时，对坡体浇水预沉降，浇水量以袋体填充土料达最佳含水为宜。坡体完成后，沉降稳定统一压顶。封顶前需敷设复合防水板，再横摆一层生态袋压顶。

(7) 排水系统设置。自下而上第二层及以上每隔11层出露PVC排水管出口，用50号PVC管设置排水管，管长40cm，坡内端口用无纺布扎口，内端与坡体相接处用级配碎石灌填中粗砂作为导滤结构；排水管水平间距为2.4m，整体呈梅花状分布；施工中遇到下雨时，要及时覆盖未垒砌的袋体和待装土料，不能垒砌被淋后含水量过大的生态袋，不能装填被淋后含水量过大的土料；坡顶设置临时截水沟或导水沟，防止降雨时积水汇集冲击坡体；坡向长度大、内侧回填较宽的坡体，雨前要对施工口用彩条防雨布遮盖，以防积水对施工口的冲刷，雨后要让施工口干到合适的含水程度才能开工，湿散松软土料不能回填。

(8) 植物种植与养护。根据设计要求进行种草、铺设草皮等施工。

5.2.3.3 质量检测与评定标准

生态袋护坡工程施工质量检测和评定标准见表5.2-4。

表5.2-4 生态袋护坡工程施工质量检测和评定标准表

项次		检验项目	质量标准	检验方法	检验数量
主控项目	1	生态袋质量	具有质量合格证，核实强度、撕裂力、CBR顶破力、等效孔径；尺寸偏差满足设计要求	检测	每批次1次
	2	生态袋单位面积质量	满足设计要求	检测	每批次1次
	3	造型及平整度	整齐规则，与岸坡协调平整度±50mm	检查检测	每50～100m^{2}检测1次
	4	种子	种子发芽率大于90%	试验检测	每批次1次
	5	植被成活率/覆盖率	符合设计要求	检测	每50～100m^{2}检测1次
一般项目	1	联结扣	联结牢固	检查	每50～100m^{2}检查1次
	2	种植土配合比	种植土组分配合比满足植被生长要求	检测	每100m^{3}检测1次

5.2.4 生态混凝土护坡

5.2.4.1 设计要点

(1) 无砂大孔生态混凝土护坡框格梁和齿槽的设计要点与混凝土框格草皮护坡中框格梁和齿槽的设计要求相同。

(2) 1m^{3}无砂大孔生态混凝土配合比为：碎石1530kg、P.O42.5水泥300kg、水120kg、聚羧酸高性能减水剂10L，经机械拌和制备。

(3) 所用石料要求粒径为30～50mm，石料粒径合格率不低于99%，含泥沙量小于0.5%。

(4) 生态混凝土厚度为150mm，28d龄期强度不低于7MPa，孔隙率为25%～35%，覆土厚度为50mm。

(5) 草种选择与草皮护坡的要求相同，一般采用人工播撒或液压喷播草籽。

5.2.4.2 施工工艺流程及质量控制要点

1. 施工准备

(1) 建筑材料准备。粗骨料粒径为15～30mm的碎石，含泥沙量应不大于1%，针片状含量不大于30.5%，不应采用风化石料；水泥应满足出厂合格要求，并按要求送检。

(2) 配合比试验。根据集料的含水率，调整透水混凝土配比中的用水量，由现场试验确定配合比。

(3) 施工前仔细研究设计图纸，对施工区的环境进行充分了解。根据现场的实际情况测量放样，同时进行施工作业人员、材料、设备、机具和劳保安全器材的配置等各项工作的准备。

2. 施工工艺流程

生态混凝土护坡施工工艺流程为：坡面清理→基础开挖、护脚→框格施工、铺设营养型无纺布→铺设生态混凝土→压顶→铺设营养土、种植土→坡面绿化与养护。

(1) 坡面清理。清除原地表的种植土、有机土、植物根系至天然土层，如遇松土时，先压实后进行填筑；必要时应将松土翻挖，回填、找平、碾实。

(2) 基础开挖、护脚。基础开挖根据设计要求开挖基槽，满足当前深度和宽度要求。按设计要求对护坡底部进行固脚。

(3) 框格施工、铺设营养型无纺布。浇筑格构梁、隔框，浇筑方式同普通混凝土。浇筑完成后，在底部铺设营养型无纺布。

(4) 铺设生态混凝土。生态混凝土拌和物摊铺时，宜人工均匀摊铺，找准平整度与排水坡度，摊铺厚度应考虑其摊铺系数；宜采用专用低频振动压实机，或采用平板振动器振动和专用滚压工具滚压；避免地表温度在40℃以上施工，不可在雨天或冬季施工。

(5) 压顶。用现浇混凝土板压顶，板厚及宽度根据设计方案确定。

(6) 铺设营养土、种植土。选择就近的复合肥、磷酸钙、保水剂等进行配制，按照一定比例搅拌，将营养土搅拌均匀之后进行铺设。

(7) 坡面绿化与养护。植物栽植要在栽植季节进行；不符合种植要求的应进行换土或土壤改良，改良后土壤应符合相关规章规定。

5.2.4.3　质量检测与评定标准

生态混凝土护坡工程施工质量检测和评定标准见表5.2－5。

表5.2－5　　生态混凝土护坡工程施工质量检测和评定标准表

项次		检验项目	质量标准	检验方法	检验数量
主控项目	1	抗压强度/MPa	≥15	试验	每500m² 取样1次，且不少于3次
	2	抗折强度/MPa	≥2.5	试验	每500m² 取样1次，且不少于3次
	3	抗冻性：冻融循环50次质量损失率/%	≤5	试验	每500m² 取样1次，且不少于3次
	4	绿化覆盖率/%	≥95	检测	每500m² 抽测1组
	5	有效孔隙率/%	≥25	检测	每500m² 抽测1组
	6	透水性/(cm/s)	≥1.0	检测	每500m² 抽测1组
一般项目	1	厚度/cm	符合设计规定，且允许偏差±5mm	检测	每200m² 抽测1点
	2	造型及尺寸	整齐规则，与岸坡协调平整度±50mm	检查检测	每50～100m² 测1次
	3	主材质量	合格证、特性指标满足设计要求	检查	每批次检查1次

5.2.5　生态连锁块护坡

5.2.5.1　设计要点

（1）一般为400mm×300mm×85mm（长×宽×厚）的C30混凝土砌块，砌块具有合适的孔洞率及附着的碎波防浪功能沟槽。

（2）下端设置混凝土齿槽600mm×800mm（宽×高），有冲刷深度要求的除外，当护坡至堤顶时与堤顶路肩梁相接，当护坡护至设计洪水位上500mm时则用水平现浇混凝土板压顶，现浇压顶板厚100mm，宽度根据堤防坡度确定；齿槽及压顶板顺堤向长度每5m设置1条伸缩缝，缝宽20mm，采用沥青杉板或聚乙烯泡沫板嵌缝。

（3）草种选择与草皮护坡的要求相同，一般采用人工播撒或液压喷播草籽。

5.2.5.2　施工工艺流程及质量控制要点

1. 施工准备

（1）生态连锁块的采购和堆放。生态连锁块的采购应根据设计要求，选择合适的品牌和型号；运输至现场应堆放整齐，避免破损、断裂等。在堆放场地的选取时，应尽量靠近作业面，避免多次搬运造成砌块破损和费用的增加。

（2）施工放样。施工前仔细研究设计图纸，对施工区的环境进行充分了解。根据现场的实际情况测量放样，同时进行施工作业人员、材料、设备、机具和劳保安全器材的配置等各项工作的准备。

2. 施工工艺流程

生态连锁块护坡的工艺流程为：基准线定位和施工测量→坡面整平→基础开挖、护脚→垫层料摊铺→连锁块铺设→压顶→坡面绿化与养护。

（1）基准线定位和施工测量。施工前，依据设计图纸进行放样，确定基准线。

（2）坡面整平。采用全站仪监控坡面整平。先用挖掘机对坡面余土进行削坡和整平，再由人工按 10m×10m 网格挂线进行坡面的精确整平。

（3）基础开挖、护脚。基础开挖根据设计要求开挖基槽，满足当前深度和宽度要求。按设计要求对护坡底部进行固脚。

（4）垫层料摊铺。用自卸汽车从备料场将卵砾石运至工作面，再用挖机将卵砾石面料运至设计高程，最后由人工精确整平。

（5）连锁块铺设。

1）设高程控制桩，挂标高控制线。按设计护坡坡度和高程，在垂直坡底镇脚方向上按 6m 间距分别打桩挂线，再在镇脚水平方向挂两道水平控制线，水平线位于垂直方向线的上方。

2）找平层碎石铺填。在其下铺填一薄层碎石（厚约 3cm），以利于对砌块进行高程和平整度的调整。碎石铺填同砌块砌筑宜随铺随砌，随砌随铺。

3）砌筑第一行混凝土砌块。从坝脚浆砌石镇脚一侧开始，砌块的底边沿线对齐下边起始标高控制线，砌块的上边沿对齐上边水平线，由坝脚向坝肩方向按标高控制线逐行砌筑。

4）砌块砌筑时，由两人配合，采用一对专制钢齿耙完成对混凝土砌块的“抬运→就位→放下→找平→锤实”等。

5）砌块由垂直方向放置到砌筑位置后上下移动，以使砌块下碎石找平层平整密实，并借助齿耙和木槌调整水平和高度。

6）在同一作业面内，混凝土砌块的砌筑应从左（或右）下角开始沿水平方向逐行进行，以防止产生累积误差，影响砌筑质量。

（6）压顶。用现浇混凝土板压顶，板厚及宽度根据设计方案确定。

（7）坡面绿化与养护。植物栽植在栽植季节进行；不符合种植要求的应进行换土或土壤改良，改良后土壤应符合相关规章规定。草坪、花灌木等应采取人工播撒方式。养护时间根据生态混凝土强度增长情况而定，养护时间不宜少于7d。

5.2.5.3 质量检测与评定标准

生态连锁块护坡工程施工质量检测和评定标准见表5.2-6。

表5.2-6 生态连锁块护坡工程施工质量检测和评定标准表

项次		检验项目		质量要求	检验方法	检验数量
主控项目	1	自嵌式砌块外观质量检查		具有质量合格证，核实强度等级、完好率；尺寸偏差满足设计要求	观察、量测	全面检查
	2	垒砌质量		砌体应自下而上错缝竖砌，咬扣紧密、错缝锚固孔完好，锚筋或高强纤维连接牢固，符合设计要求	观察	全面检查
	3	土工织物铺设		土工织物铺设工艺符合要求，搭接或缝接符合设计要求，缝接宽度不小于10cm，搭接宽度宜为30～50cm	检查	全面检查
	4	回填土压实度		碾压参数应符合碾压试验确定的参数值，压实度不小于设计要求	试验、检测	每层1次/（$200m^2$或50延米）不少于3个测点
	5	反滤料填筑		填入高度及填入工艺满足设计要求	量测	全面检查
一般项目	1	砌体位置、尺寸允许偏差	轴线位置偏移	10cm	量测	每10延米检查1个点
			顶面标高	±2mm	量测	每10延米检查1个点
	2	混凝土基础		混凝土基础强度、外观尺寸满足设计要求	检测、量测	每100m测1次
	3	土工布、玻璃纤维格栅质量		物理性能指标、力学性能指标、水力学指标，以及耐久性指标均应符合设计要求	查阅、检测	每批次或每单位工程取样1～3组进行试验检测

5.2.6 人工纤维草垫护坡

5.2.6.1 设计要点

（1）规格一般采用EM2～EM5型，如EM3型单位面积质量为260g，厚度为12mm，纵横向拉伸强度不小于1.4kN/m，幅宽为1.5～2.0m。

（2）草种选择与草皮护坡的要求相同，种植方式一般采用人工播撒或液压喷播草籽。

（3）下端设置混凝土齿槽 600mm×800mm（宽×高），有冲刷深度要求的除外，齿槽顺堤向长度每 5m 设置一条伸缩缝，缝宽 20mm，采用沥青杉板或聚乙烯泡沫板嵌缝。

5.2.6.2 施工工艺流程及质量控制要点

1. 施工准备

（1）原材料采购及存放。砂石、水泥、土工布、人工纤维垫等材料由材料市场采购，运至工地现场仓库。各种建筑材料采购时均应满足相关技术规范（或产品标准），经检验合格后使用。

（2）施工前仔细研究设计图纸，对施工区的环境进行充分了解。根据现场的实际情况测量放样，同时进行施工作业人员、材料、设备、机具和劳保安全器材的配置等各项工作的准备。

2. 施工工艺流程

人工纤维草垫护坡施工工艺流程为：基准线定位和施工测量→坡面整平→基础开挖、护脚→垫层料铺设→加筋麦克垫铺设、锚固→压顶→坡面绿化与养护。

（1）基准线定位和施工测量。施工前，依据设计图纸进行放样，确定基准线。

（2）坡面整平。先用挖掘机对坡面余土进行削坡和整平，再由人工按 10m×10m 网格挂线进行坡面的精确整平。

（3）基础开挖、护脚。基础开挖根据设计要求开挖基槽，满足当前深度和宽度要求。按设计要求对护坡底部进行固脚。

（4）垫层料铺设。用自卸汽车从备料场将卵砾石运至工作面，再用挖机将卵砾石面料运至设计高程，最后由人工精确整平。

（5）加筋麦克垫铺设、锚固。根据水力作用的强弱可分为水流侵蚀边坡和降雨侵蚀边坡（或分为临水边坡和旱地边坡）两种，不同的边坡采用的搭接形式不同：①水流侵蚀边坡，一般铺设方向与水流方向平行，当要求采用将铺设方向垂直与水流方向时，须保证足够的搭接宽度（一般不小于 6cm）；②降雨侵蚀边坡，一般采用从坡顶自上而下或从坡脚自下而上的铺设方式进行铺设，无须设置搭接长度，仅采用单绞合方式连接即可。

网垫锚固。①加固。坡面、坡顶及锚固沟内均需对加筋麦克垫进行加固，一般采用 U 形锚钉进行固定，锚钉使用长度为 30～50cm，采用 ϕ8 钢筋制作而成，布置间距 1～2m，梅花形布置，现场可根据实际情况适当地调整分布密度。②锚固沟回填。锚固沟的形式：锚固沟目前常采用的尺寸形式是在距坡边缘 0.6～1.0m 开挖一个 30cm 深、1m 宽的沟；回填：在完成后进行锚固沟的回填，回填土宜采用内摩擦大的土料，回填完毕后压实填土，保证填土的密实。

(6) 压顶。用现浇混凝土板压顶，板厚及宽度根据设计方案确定。

(7) 坡面绿化与养护。

1) 选种。草种的选择一般是选对土质适应性强、耐酸耐碱，对环境适应性强、耐旱和耐涝，出芽迅速、生长快、根系长、发育充分，以及价格适宜的草种。

2) 养护。播种后，撒上厚1～2cm的落肥土，轻轻耙土，使土和草种落入网内空腔内。不管采取何种绿化形式，为了保证植被的存活率，需定期进行洒水或在坡面覆盖薄膜加以养护。

5.2.6.3 质量检测与评定标准

人工纤维草垫护坡工程施工质量检测和评定标准见表5.2-7。

表5.2-7 人工纤维草垫护坡工程施工质量检测和评定标准表

项次		检验项目	质量标准	检验方法	检验数量
主控项目	1	纤维毯质量	具有质量合格证，核实强度、焊接质量、完好率；尺寸偏差满足设计要求	检查检测	1%，且不少于3个
	2	种子	种子发芽率符合要求	试验检测	每批次1次
	3	有草籽纤维毯发芽率	种子发芽率符合要求	试验检测	每批次1次
	4	植被成活率/覆盖率	符合设计要求	检测	每50～100m^2检测1次
	5	种植土配合比及厚度	种植土组分配合比满足植被生长要求，填铺后的允许偏差为0～3cm	检测	每50～100m^2检测1次
一般项目	1	边坡表土层厚度	300mm	检测	沿护坡方向每50～100m^2检查1次
	2	边沿开挖沟尺寸	宽200mm，深200mm	检测	每批次检测1次
	3	植物纤维毯边沿开挖沟埋入深度	200mm	检测	每50～100m^2检查1次
	4	相邻搭接宽度	100mm	检测	每50～100m^2检查1次
	5	固定钉固定	1000mm×1000mm	检查	每50～100$m^2$1次

5.2.7 混凝土框格草皮护坡

5.2.7.1 设计要点

(1) 框格混凝土强度等级一般不低于C20，尺寸一般采用300mm×300mm，纵横向框格梁间距一般采用1.5～3.0m，顺堤线起止端设置现浇混凝土封边。

（2）下端设置混凝土齿槽 600mm×800mm（宽×高），齿槽顺堤向长度每 5m 设置 1 条伸缩缝，缝宽 20mm，采用沥青杉板或聚乙烯泡沫板嵌缝。

5.2.7.2 施工工艺流程及质量控制要点

1. 施工准备

（1）原材料采购及存放。砂石、水泥、钢筋、土工布等材料由材料市场采购，运至工地现场仓库。各种建筑材料经检验合格后使用。

（2）施工前仔细研究设计图纸，对施工区的环境进行充分了解。根据现场的实际情况测量放样，同时进行施工作业人员、材料、设备、机具和劳保安全器材的配置等各项工作的准备。

2. 施工工艺流程

混凝土框格草皮护坡施工工艺流程为：边坡平整→基础开挖、护脚→基槽开挖→框体砌筑→压顶→植草→养护。

（1）边坡平整。按照设计坡比要求及坡脚线、堤顶边线的位置，放出削坡线，对背水侧坡面初步平整；坡面符合设计要求后，人工修整，挂线控制坡面平整度。

（2）基础开挖、护脚。基础开挖根据设计要求开挖基槽，满足当前深度和宽度要求。按设计要求对护坡底部进行固脚。

（3）基槽开挖。依据框格内径大小决定是否采用人工开挖沟槽，人工开挖前根据测量放样确定的位置从上往下进行开挖，同时严格控制好开挖的宽度与深度，不得超挖欠挖，不得有松土留在沟槽中，再用工具拍打密实。一般根据施工能力及天气情况确定开挖长度，不得将开挖好的沟槽长时间晾置。

（4）框体砌筑。框格混凝土浇筑同固脚浇筑，因框格尺寸较小，且处于斜坡上，浇筑时采用振动棒振捣，或采用人工振捣的方式；为防止混凝土下滑，采用隔断式挡板横隔的方式。确保总浇筑厚度为 30cm。

（5）压顶。混凝土浇筑过程中要随时对顶面及侧面进行校测，做到直顺。根据施工规范要求在固封顶设置伸缩缝，伸缩缝采用发泡聚乙烯填封板。

（6）植草。框格内充填 15cm 腐殖土，使土料略高出框格，并喷播植草。

（7）养护。施工完成段，待混凝土初凝后，用土工布覆盖，定时洒水养护。

5.2.7.3 质量检测与评定标准

混凝土框格草皮护坡工程施工质量检测和评定标准见表 5.2-8。

表5.2-8 混凝土框格草皮护坡工程施工质量检测和评定标准

项次		检验项目	质量要求	检验方法	检验数量
主控项目	1	坡面坡率	不大于设计值	量测	每20～50m检测1次
	2	混凝土强度等级	设计要求	检查检验报告	按检验批抽样
	3	外观质量	不应有严重缺陷	检查	全面检查
一般项目	1	混凝土外露面平整度	允许偏差为±1cm	量测	每50～100m^2检测1次
	2	植被成活率	≥90%	检查	全面检查
	3	排水沟	符合设计要求	检查	全面检查

5.2.8 空心混凝土预制块护坡

5.2.8.1 设计要点

(1) 空心混凝土预制块护坡常用于河湖边坡平缓、水流缓慢的平原型河流顶部，在不常受水流冲刷的区域选用。

(2) 应在护坡结构脚部，综合考虑冲刷深度、基础条件等因素，合理采取现浇混凝土、浆砌石等固脚方式。

(3) 护坡结构自里往外依次铺设土工布、砂垫层、空心混凝土预制块，在坡顶设置混凝土压顶，之后覆土并绿化。

(4) 材料选择要求：空心混凝土预制块厚度不低于8cm；混凝土强度等级不低于C20；根据制作条件及要求，可在混凝土结构内设置铁丝。

5.2.8.2 施工工艺流程及质量控制要点

1. 施工准备

原材料采购及存放；空心混凝土预制块准备，可在预制场浇筑，也可到市场购置成品，在转运、装卸、堆置时，应小心慢放，不可整车翻倒，现场堆放场地应坚硬和平坦，以免产生变形造成预制块破碎。

2. 施工工艺流程

空心混凝土预制块护坡施工工艺为：基准线定位和施工测量→坡面整平→固脚砌筑→土工布、垫层料摊铺→预制块铺设→压顶梁浇筑→填土植草。

(1) 基准线定位和施工测量。首先布设施工控制网，进行施工放样，埋设分段开挖桩号和开挖轮廓线标志，测量开挖前后断面；根据施工控制网测量放样，确定护坡范围线，削坡前应对滩地地形进行实地测量，确定削坡范围；利用指定的轴线交点作为控制点，采用极坐标进行加密控制，并据此进行细部放样，打定位桩，桩位方向定位误差小于5mm；利用水准仪测定标高，误差不得大于1cm。

（2）坡面整平。按照设计坡比要求及坡脚线、堤顶边线的位置，放出削坡线，对背水侧坡面进行初步平整，坡面符合设计要求后，进行人工修整，挂线绳控制坡面平整度，多余土方装车运走，确保施工现场整齐有序。

（3）固脚砌筑。先按照设计要求进行装模，模板采用木模板或钢模板钉制而成，模板线性保持顺畅，符合施工要求。装模完成后，应再次复核固脚位置及标高，再报请监理工程师现场验收，进行浇筑混凝土。

（4）土工布、垫层料摊铺。土工布自下而上铺设，垫层料用自卸汽车从备料场将卵砾石运至工作面，再用挖机将卵砾石面料至设计高程，由人工精确整平。

（5）预制块铺设。从上往下的顺序砌筑，砌筑应平整、咬合紧密。砌筑时依照放样桩纵向拉线控制坡比，横向拉线控制平整度，使平整度达到设计要求。

（6）压顶梁浇筑。预制块顶部进行压顶梁浇筑，施工方法同固脚浇筑。

（7）填土植草。六角块内充填腐殖土，使土料略高出框格，并喷播植草。

5.2.8.3 质量检测与评定标准

空心混凝土预制块护坡工程施工质量检测和评定标准见表5.2-9。

表5.2-9 空心混凝土预制块护坡工程施工质量检测和评定标准

项次		检验项目	质量要求	检验方法	检验数量
主控项目	1	坡面坡率	不大于设计值	量测	每20～50m检测1次
	2	混凝土强度等级	设计要求	检查检验报告	按检验批抽样
	3	混凝土预制六角块外观及尺寸	符合设计要求，允许偏差为±5mm，表面平整，无掉角、断裂	观察、量测	每50～100块检测1块
一般项目	1	混凝土六角块铺筑	应平整、稳固、缝线规则	检查	全面检查
	2	植被成活率	≥90%	检查	全面检查
	3	排水沟	符合设计要求	检查	全面检查

5.2.9 阶梯式挡墙护坡

5.2.9.1 设计要点

（1）阶梯式挡墙护坡应设置牢固基础，综合考虑冲刷深度、基础条件等因素，采取现浇混凝土方式设置合理的深度挡墙基础。基础底部应坐落在持力层上，基础顶端应设置齿墙；受水流冲刷影响大的区域在基础前用抛石作为防冲固脚。

(2) 根据岸坡高度、坡度及土质情况，设置不同坡比的挡墙结构，上下层混凝土预制块采用钢筋锚固。

(3) 材料选择要求：混凝土预制块强度等级不低于C20；根据制作条件及要求，可在混凝土结构内设置铁丝。

5.2.9.2 施工工艺流程及质量控制要点

1. 施工准备

施工准备包括：原材料采购及存放，空心混凝土预制块准备，进行施工作业人员、材料、设备、机具和劳保安全器材的配置等各项工作的准备。

2. 施工工艺流程

阶梯式挡墙护坡工艺流程为：基坑开挖→浇筑基础→砌块安装锚固→透水土工布铺设→回填开挖料及种植土→压顶→立面绿化与养护。

(1) 基坑开挖。测量放线，根据现场实际情况及图纸要求进行放坡开挖。距离沟槽底20～30cm时应由人工开挖至设计高程，基坑周围设置0.3m×0.3m排水沟与直径0.3m，深度0.6m的集水井，及时抽排积水。

(2) 浇筑基础。砌块挡墙地基承载力不小于设计值，基座采用混凝土进行浇筑。在混凝土初凝前完成所划分施工段的全部挡墙基座浇筑。

(3) 砌块安装锚固。阶梯式生态砌块要选择起吊能力为砌块重量3倍以上的汽车式起重机吊至基坑。阶梯式生态砌块之间的连接采用镀锌材质的双头螺栓，连接时先对螺杆进行防腐处理。阶梯式生态砌块安装与后背碎石回填应同步进行，生态砌块吊装安放一层，墙后回填一层，按照施工勾配进行第2段以上的施工。

(4) 透水土工布铺装。铺装时保证布面平整，适当留有变形余量，并沿着生态挡块的背面形状进行铺设。土工布的接缝要保证上流部的土工布在上，并且搭接部位的宽度为10cm以上。

(5) 回填开挖料及种植土。每一层生态砌块吊装码放后立即回填墙后碎石，并在回填时随时观察生态砌块挡墙是否出现挪位现象。完成后必须报请监理单位及时见证试验。各层回填未经验收合格，严禁下一层砌块的吊装码放。

(6) 压顶。连接部的开口宽度在70mm以下，可用标准的连接件进行连接，超过70mm时，要用现浇混凝土进行连接。开口特别大时，石头灌浆可增加景观性；与别的建筑物相接的地方，周围用现浇混凝土进行处理。

(7) 立面绿化与养护。生态砌块挡墙由上至下第一层框内填充种植土，并种植绿植。

5.2.9.3 质量检测与评定标准

阶梯式挡墙护坡工程施工质量检测和评定标准见表5.2-10。

表 5.2-10 阶梯式挡墙护坡工程施工质量检测和评定标准

项次		检验项目		质量要求	检验方法	检查数量
主控项目	1	砂浆强度		符合设计及规范要求	试验	每台班或每100m砌体取样1组
	2	垫层材料、厚度		符合设计要求	观察、量测	全面检查
	3	预制混凝土砌块质量		符合设计要求	查阅出厂合格证及复检试验报告	全面检查
	4	预制混凝土砌块铺设		细砂灌缝密实、无裂缝、空鼓、平整美观	观察、量测	全面检查
一般项目	1	坡度		符合设计要求	量测	每10m不少于1点
	2	变形缝		符合设计要求	观察、量测	全面检查
	3	顶面高程	护坡	允许偏差：±15mm	量测	每10m不少于1点
			护底	允许偏差：±15cm	量测	每10m不少于1点
	4	砌缝宽		允许偏差：±5mm	量测	每10m不少于1点
	5	相邻砌块高低差		允许偏差3mm	量测	每10m不少于1点
	6	表面平整度	护坡	允许偏差7mm	量测	每10m不少于1点
			护底	允许偏差10mm	量测	每10m不少于1点
	7	顺直度		允许偏差10mm	量测	每10m不少于1点

5.2.10 聚氨酯碎石护坡

5.2.10.1 设计要点

（1）聚氨酯碎石护坡一般用于自身边坡稳定的岸坡，坡度不大于1∶2.0，施工完好，可抵抗一定强度的水流冲刷。

（2）应在护坡结构脚部合理采取现浇混凝土、浆砌石等固脚方式。

（3）护坡结构自里往外依次铺设，自下而上依次为土工布、碎石垫层、铺设聚氨酯碎石，在坡顶设置混凝土压顶并绿化。

（4）材料选择要求：碎石粒径20～40mm，须选用洁净、坚硬密实、无杂质的碎石，以确保其结构质量；聚氨酯应符合出厂要求。

5.2.10.2 施工工艺流程及质量控制要点

1. 施工准备

（1）级配碎石选定。碎石粒径为20～40mm，须选用洁净、坚硬密实、无杂质的碎石，以确保其结构质量。碎石不宜含有较多针片状颗粒，形状宜接近于立方体，以保证碎石间有足够的接触面积。

（2）聚氨酯准备。聚氨酯出厂应有产品合格证明材料。聚氨酯黏结剂分

A、B两组：A组为胶黏剂，呈琥珀色；B组为固化剂，呈红棕色，在空气中易发生氧化反应。两组聚氨酯黏结剂使用前分开保存，施工时按比例混合搅拌后使用，其质量比为100∶65。在施工时，将A、B两组聚氨酯黏结剂按比例混合后采用手持电动搅拌机进行搅拌，两者拌和须快速、均匀，过程宜控制在1min内。

2. 施工工艺流程

聚氨酯碎石护坡工艺流程为：坡面整平→铺设营养型无纺布及垫层→浇筑聚氨酯碎石→压顶。

（1）坡面整平。基准线定位和施工测量；坡面整平；固脚浇筑。

（2）铺设营养型无纺布及垫层。土工布自下而上铺设，垫层料用自卸汽车从备料场将卵砾石运至工作面，再用挖机将卵砾石送至设计高程，最后由人工整平。

（3）浇筑聚氨酯碎石。聚氨酯混合配比为$1m^3$碎石配33kg聚氨酯黏结剂。搅拌时间与温度有关，夏季一般搅拌2～3min，至碎石表面基本覆盖聚氨酯即可。聚氨酯黏结剂初步固结约需30min，1～2h即可达到60%～80%固结度，一般1～2d实现最终固结，且水下也可实现固结。

（4）压顶。顶部进行压顶梁浇筑，施工方法同固脚浇筑。

5.2.10.3　质量检测与评定标准

聚氨酯碎石护坡工程施工质量检测和评定标准见表5.2-11。

表5.2-11　聚氨酯碎石护坡工程施工质量检测和评定标准

项次		检验项目	质量标准	检验方法	检验数量
主控项目	1	碎石级配	符合设计要求	试验	每单元工程取样1个
	2	护坡层厚度	允许偏差为±15%设计厚度	量测	每$20m^2$检测1个点
	3	搅拌质量	搅拌完后，每块碎石表面均应覆盖有聚氨酯薄膜，如果表面有大量气泡或呈乳白色，则为不合格产品	目测	每$20m^2$检测1个点
	4	黏结力检测	施工24h后，不能用手轻松将碎石从护坡上剥下（表层个别碎石除外）	试验	每$20m^2$检测1个点
一般项目	1	护坡层表面平整度	符合设计要求	量测	每$20m^2$检测1处

5.2.11　土工格室护坡

5.2.11.1　设计要点

（1）土工格室护坡一般用于自身边坡稳定的岸坡，坡度不大于1∶2.0。

（2）应在护坡结构脚部，综合考虑冲刷深度、基础条件等因素，合理采取现浇混凝土、浆砌石等固脚方式。

（3）护坡结构自里往外依次铺设自下而上依次为原状土层、土工格室层（内填种植土），植物绿化层，在坡顶设置混凝土压顶。

5.2.11.2 施工工艺流程及质量控制要点

1. 施工准备

原材料采购及存放；施工作业人员、材料、设备、机具和劳保安全器材的配置等各项工作的准备。

2. 施工工艺流程

土工格室护坡施工工艺流程为：坡面整平→排水设施施工→土工布铺设→土工格室铺设、锚固→回填客土→草种种植和养护。

（1）坡面整平。坡面整平至设计要求，并采用人工修坡。

（2）排水设施施工。对于长大边坡，坡顶、坡脚及平台均须设置排水沟。一般坡面排水沟横向间距为40～50m。

（3）土工布铺设。土工布的接缝要保证上流部的土工布在上，并且搭接部位的宽度为10cm以上。铺设土工布时垂直方向可以延伸，水平方向不能延伸。

（4）土工格室铺设、锚固。采用插件式连接土工格室单元。在坡面上按设计的锚杆位置放样，采用ϕ38～42钻杆进行钻孔，孔径基本可达ϕ50，按要求进行冲孔，在钻孔内灌注30号砂浆。按设计要求弯制锚杆，并除锈、涂防锈油漆，悬在坡面外的锚杆应套内径为ϕ25的聚乙烯或丙烯软塑料管，管内所有空间应用油脂充填，端部应密封。铺设时土工格室在坡顶先用固定钉或锚杆进行固定，按设计图纸要求开展施工，在坡脚用固定钉或锚钉固定，其间按图纸要求用锚杆固定。土工格室应预系土工绳，以备与三维网连接绑扎。施工边坡平台及第一级平台填土，以将土工格室固定在坡面上。

（5）回填客土。土工格室固定好后，即可向格室内填充改良客土，充填时要使用振动板使之密实，靠近表面时用潮湿的黏土回填，并高出格室面1～2cm，并保持预系的土工绳露出坡面。第一段铺设完毕后进行第二段的铺设，直至完成。

（6）草种种植和养护。按设计比例配合草种、木纤维、保水剂、黏合剂、肥料、染色剂及水的混合物料，并通过喷播机均匀喷射于坡面；雨季施工时，为使草种免受雨水冲蚀，并实现保温保湿，应加盖无纺布，促进草种的发芽生长，也可采用稻草、秸秆编织席覆盖；洒水养护用高压喷雾器喷洒，使养护水呈雾状均匀地湿润坡面。养护期限视坡面被生长状况而定，一般不少于45d。

5.2.11.3 质量检测与评定标准

土工格室护坡工程施工质量检测和评定标准见表5.2-12。

表5.2-12 土工格室护坡工程施工质量检测和评定标准

项次		检验项目	质量标准	检验方法	检验数量
主控项目	1	土工格室片质量	具有质量合格证，核实强度、焊接质量、完好率；尺寸偏差满足设计要求	检测	每500m² 取样1次，且不少于3次
	2	坡面平整度	±30mm	量测	每50～100m² 取样1次
	3	种子	种子发芽率	试验检测	每批次1次
	4	植被成活率/覆盖率	符合设计要求	检测	每50～100m² 检测1次
	5	种植土配合比及厚度	种植土组分配合比满足植被生长要求，填铺后的允许偏差为0～3cm	检测	每50～100m² 检测1次
一般项目	1	土工格室连接件	锚固孔完好，锚筋或高强纤维连接牢固	检查	每50～100m² 检查1次
	2	土工布重量	300g/m²	检测	每批次检测1次

5.3 新型生态护岸技术应用要点分析

5.3.1 反砌法生态挡墙护岸

5.3.1.1 设计要点

（1）反砌法生态挡墙应综合考虑河水流速、基础地质条件等因素，在脚部设置一定大于冲刷深度的埋深，一般不小于500mm。

（2）墙后蓄水槽及输水管道可根据现场地形条件选做。

（3）外置块石色泽应跟现场环境协调，宜选用粒径为25～35cm的块石，逐层砌筑于生态混凝土层表面，每层块石采用错缝法砌筑，同层相邻块石间距、每层块石间距及块石凸出墙面长度均不应少于10cm。

（4）生态混凝土层厚度建议厚度为30cm，粗骨料粒径宜选用0.3cm；生态混凝土层后为干砌块石形成的梯形挡墙结构，顶宽大于0.3m，坡面坡度应大于1∶0.25，块石宜选用粒径为30～50cm的块石。

5.3.1.2 施工工艺流程及质量控制要点

1. 施工准备

原材料采购及存放；根据现场的实际情况测量放样，同时进行施工作业人员、材料、设备、机具和劳保安全器材的配置等各项工作的准备；由测量人员依据设计图纸进行放样，采用木桩等方式确定挡墙位置和开挖边坡线。

2. 施工工艺流程

反砌法生态挡墙护岸施工工艺流程为：开挖基槽砌筑挡墙基础→蓄水槽及水管埋设→砌石体施工→表层绿化。

（1）开挖基槽砌筑挡墙基础。根据设计要求开挖基槽，清除原地表的种植土、有机土、植物根系及持力层，满足深度和宽度要求。当承载力不满足要求时，应采取相应措施进行基础处理。用自卸汽车从备料场将卵砾石运至工作面，再用挖机将卵砾石面料至设计高程，最后由人工精确整平。

（2）蓄水槽及水管埋设。模板安装时预留水管，浇筑时采用振动棒振捣或采用人工振捣的方式。进水口安装滤网，防止树叶、块石等杂物随雨水流入后堵塞管道；蓄水槽顶部采用矩形铸铁井盖封闭，井盖布设槽孔，槽孔尽量密集。

（3）砌石体施工。砂砾石垫层铺设完成后进行块石砌筑，胶结材料采用多孔无砂混凝土，砌筑方法同浆砌石。外置块石宜选用粒径为25～35cm的块石，逐层砌筑于生态混凝土层表面，每层块石采用错缝法砌筑，同层相邻块石间距、每层块石间距及块石凸出墙面长度均不应少于10cm，外置块石应尽量垂直生态混凝土层坡面砌筑，使生态槽地面斜向右下侧，利用向生态槽中填充种植土或种植植物；生态混凝土层厚度建议厚度为30cm，粗骨料粒径宜选用0.3cm；生态混凝土层后为干砌块石形成的梯形挡墙结构，顶宽大于0.3m，坡面坡度应大于1∶0.25，块石宜选用粒径为30～50cm的块石；挡墙基础埋入河床深度不小于50cm，顶面应尽量保持平面，挡墙可采用浆砌石或混凝土材料砌筑。

（4）表层绿化。由上至下在空隙内填充种植土，并种植绿植。植物可选择迎春花、翠芦莉等适合潮湿环境生长的植物。

5.3.1.3 质量检测与评定标准

反砌法生态挡墙工程施工质量检测和评定标准见表5.3－1。

5.3.2 硬质护岸生态化改造

5.3.2.1 设计要点

（1）硬质护岸生态化改造技术基于原护岸结构的稳定性，即原护岸结构在增加改造材料荷载情况下依旧能满足稳定性要求。

表5.3-1 反砌法生态挡墙工程施工质量检测和评定标准

项次		检验项目	质量标准	检验方法	检验数量
主控项目	1	石料质量、规格	质地坚硬，无风化，最小边尺寸不小于笼体孔眼尺寸各方向的最大值，且满足设计规定的粒径级配要求	观察、量测	全面检查
	2	大孔无砂混凝土抗压强度/MPa	≥15	试验	每$500m^2$取样1次，且不少于3次
	3	透水性/(cm/s)	≥1.0	检测	每$500m^2$抽测1组
	4	植被成活率/覆盖率	符合设计要求	检测	每$50\sim100m^2$检测1次
一般项目	1	布水管畅通情况	通水良好	检查	每$50\sim100m^2$检查1次
		植物生长要求	生长茂盛	检查	每$50\sim100m^2$检测1次
	2	井盖质量	出厂合格	检查	全面检查

(2) 墙后供电系统、智慧浇灌系统、蓄水槽及输水管道根据现场条件选做。

(3) 表层增设的雷诺护垫和生态袋施工技术应满足相关要求。

5.3.2.2 施工工艺流程及质量控制要点

1. 施工准备

各种建筑材料采购时均应满足相关技术规范（或产品标准），并送实验室进行检测，经检验合格后使用；做好施工作业人员、材料、设备、机具和劳保安全器材的配置等各项工作的准备；在墙上布置好锚杆埋设位置。

2. 施工工艺流程

硬质护岸生态化改造施工工艺流程为：锚杆埋设→储水井开挖衬护→光伏发电装置埋设→水泵安装及网管铺设→雷诺护垫和生态袋安装→绿植培育与养护。

(1) 锚杆埋设。锚杆埋设符合《岩土锚杆（索）技术规程》（CECS 22：2005），检验符合《锚杆检测与监测技术规程》（JGJ/T 401—2017）。

(2) 储水井开挖衬护。储水井位于墙后，根据场地条件开挖成矩形或者圆形，可采用混凝土、浆砌石或砖砌的结构形式进行砌筑。

(3) 光伏发电装置埋设。供电系统位于原护岸结构顶部，由铁支架、光伏发电装置、蓄电池、混凝土底座组成，混凝土底座埋于填土上部土体中，光伏发电装置安装在铁支架上方，蓄电池固定在铁支架上。

(4) 水泵安装及网管铺设。依次铺设正反转水泵、继电器、NodeMCU、水管、土壤湿度传感器、水位传感器、喷灌头等。

(5) 雷诺护垫和生态袋安装。雷诺护垫内填充有石块，且雷诺护垫靠在护岸的岸坡上，并位于常水位以下；雷诺护垫上设有若干层生态袋，生态袋还通过锚固棒固定于护岸的岸坡上，并位于常水位以上。

(6) 绿植培育与养护。雷诺护垫外表面种植水生植物，生态袋外表面种植有耐旱耐淹绿植。

5.3.2.3 质量检测与评定标准

硬质护岸生态化改造工程质量检测和评定标准见表5.3-2。

表5.3-2 硬质护岸生态化改造工程质量检测和评定标准

项次		检验项目	质量标准	检验方法	检验数量
主控项目	1	笼体材质	符合设计及规范要求	查阅出厂合格证、材料试验或检验报告	全面检查
	2	石料质量、规格	质地坚硬，无风化，最小边尺寸不小于笼体孔眼尺寸各方向的最大值，且满足设计规定的粒径级配要求	观察、量测	全面检查
	3	生态袋质量	具有质量合格证，核实强度、撕裂力、CBR顶破力、等效孔径；尺寸偏差满足要求	检测	每批次1次
	4	生态袋单位面积质量	满足设计要求	检测	每批次1次
一般项目	1	布水管畅通情况	通水良好	检查	每50～100m^{2}检查1次
	2	植物生长要求	生长茂盛	检查	每50～100m^{2}检测1次
	3	智慧浇灌系统质量	出厂合格	检查	全面检查

第6章 鄱阳湖流域生态护岸典型设计实例

6.1 鄱阳湖河湖特性

6.1.1 鄱阳湖湖区水流特性

鄱阳湖是吞吐型、季节性淡水湖泊，高水湖相，低水河相，具有“高水是湖，低水似河”“洪水一片，枯水一线”的独特形态。湖南北向最长173km，东西向最宽74km，最窄处2.8km，平均宽18.6km，平均水深7.38m，岸线长1200km。湖盆自东向西、由南向北倾斜，湖底高程由10m降至湖口黄海基面以下1m。

受鄱阳湖水系和长江洪水双重影响，鄱阳湖高水位时间长，每年4—6月，湖水位随鄱阳湖水系洪水入湖而上涨，7—9月因长江洪水顶托或倒灌而维持高水位，10月才稳定退水；水位年变幅大，最大达9.59～14.85m，最小为3.54～9.59m。鄱阳湖各站多年平均水位为11.36～13.39m，最高水位为20.55～20.71m，最低水位为3.99～10.25m，多年最高最低水位差为10.34～16.69m；有77.8%的年份最高水位发生在6月和7月，79.3%的年份最低水位发生在12月和1月。

鄱阳湖为江西省大风集中区域，主要大风浪区在鞋山、老爷庙、瓢山三个湖域。这些湖域水较深、吹程长，成浪条件好。实测最大浪高达2m，在45°斜坡上测到波浪的最大爬高为4.81m。大风还会引起风壅水现象，使湖面倾斜。北风引起北岸水位降低，南岸水位升高；南风则相反。1981年5月2日，鄱阳湖南部余干县康山水文气象站实测到9级偏北风，风壅增高水位0.35m。

鄱阳湖湖流特征是低水流速大，高水流速小，可分为重力型、倒灌型、顶托型三种基本形态。重力型湖流为鄱阳湖湖流的主要形式，湖水在重力作用下较规则地沿主槽方向流动，多发生在6月以前；北部、东部湖域流速大于中部、南部湖域，北部湖域曾实测到最大点流速为 1.48～2.85m/s；南部湖域除主槽流速可达 1.54m/s 外，一般都在 0.3m/s 以内。倒灌型湖流形态多出现于“五河”洪水基本结束、长江水位上涨或长江水位高于湖水位时，一般发生在 7—10 月，流速多在 0.1m/s 以内，个别超过 0.3m/s。顶托型湖流是介于重力型和倒灌型湖流之间的过渡流态，出现时间之长仅次于重力型，发生在长江、“五河”（赣江、抚河、信江、饶河、修河）基本同时涨水，或“五河”大汛结束，长江涨水尚未达到倒灌时，出现顶托型湖流，全湖流速变小，甚至为零。

6.1.2 鄱阳湖流域河流特性

根据河流地理位置、水文特征等因素将鄱阳湖流域河流总体划分为山区型、平原型和混合型三类。

（1）山区型河流源于山地地区，平面形态为沿程宽窄相间。在峡谷河段，河谷横断面多呈 V 形，谷坡陡峭，岸线极不规则，急弯、卡口、突嘴很多，山区河流纵断面形态存在很多折点，河床高程起伏很大。对坡度大于 10‰的河流，凡是河床组成物质较粗，具有跌水、深槽形态特征的，都被认为属于山区河流范畴。鄱阳湖流域五大水系均发源于高山地区，山地纵横，上游均是山区型河流，山地纵横，支流众多，两岸多高山峡谷，溪流密布，流程短促，河道坡降大。如信江支流白塔河的一级支流桂港水为山区型河流，主河道长 39.3km，主河道纵比降为 12.5‰。山区型河流特性如下：河流比降较大，特别是峡谷河道比降更大；浅滩和深槽相间出现，河面忽宽忽窄，河床的纵比降忽陡忽缓，流速沿程变化很大，流态复杂；汛期洪水陡涨陡落，枯水期流量很小，有的基本断流，河岸或河底承受高水位压力的时间不长，但一遇洪水，水流速度快，冲刷力强，推移质多，有的河流一次洪水过后，推移质就填满河槽，再遇洪水，灾害损失迅速扩大；流域内山区河道多位于河道上游，流域内要进行水土保持，退耕还林，封山育林，拦截地面径流，减少泥沙进入河道。河道整治时，应尽量保护天然河道的作用，慎重对河道进行截弯取直和扩宽河道堵口。河道截弯取直后，改变了洪水流向，增大了河槽比降、流速和水动能，加剧了水流对河岸的冲刷和河槽的下切，使原有堤防和河岸坍塌更为严重；扩宽河道堵口，虽然可以增大下泄流量，减轻上游的淹没损失，但对下游的淹没损失可能更大，顾此失彼。山地占江西省面积 36%，山区乡镇占地多紧邻河岸，如修河上游的修水县，村镇主要沿河道两侧分布，山区河道的不安全性会直接威胁沿岸城镇农村的人民财产安全，2017 年 6 月 23 日修水县遭遇特大强降雨，全县 36 个乡镇受灾，受灾人口 273575 人，因灾死亡 2 人、失踪 5 人；农作物受灾面积 4020hm^2、成灾面积

$2800hm^2$、绝收面积 $390hm^2$，因灾倒损房屋 207 户 795 间，直接经济损失 18975 万元。山区河道由于集雨面积小，暴雨集中且强度大，汇流时间短，水流速度快，挟沙能力和冲刷能力强，其推移质和悬移质多，危害性不容忽视，轻则河岸坍塌、淤塞河床，重则损毁耕地、摧毁城镇村庄，直接威胁人民群众的生命财产安全，损失巨大。

（2）平原型河流。流域内地形以山地丘陵居多，平原占 12%，以鄱阳湖湖区平原为主，五大水系的下游河道较宽阔，水流平缓，均汇入鄱阳湖，河流特性如下：水位变幅、总体比降以及流速均较山区河流偏小，水流缓、水面宽、水不深，输沙多以悬移质为主；河流水文、泥沙等特征因为电站及支流间的相互平衡，有年度间的差异性，但差异不大；河床常为冲积层形成，河床以沙质土壤为主。河道多河漫滩及弯道，其中弯道多由沙洲构成，存在改变、调整的可能性；因其地势低缓，取水方便，河流两岸人口密集，工业发达，多为主要城市的所在地，注重防洪和景观效应，特别是对河道的景观要求较高，需满足人水和谐的要求。

（3）混合型河流。一般其上游段属山区型，中下游为平原型，既具有山区型河流的特点，又具有平原型河流的特点。

6.2 鄱阳湖流域护岸技术应用现状

6.2.1 鄱阳湖流域河流护岸技术应用现状

自 2009 年国家实施中小河流治理以来，鄱阳湖流域内列入国家规划的中小河流治理项目有：流域面积 $200\sim3000km^2$ 中小河流治理项目（分 4 批次共 674 个项目），其中 2016 年灾后水利薄弱环节建设新增治理项目 278 个；流域面积 $3000km^2$ 以上中小河流治理项目，即“五河”治理防洪工程，涉及 19 条河流，包含设区市防洪、县城防洪、乡镇防洪、农田防护、河道整治等 184 个单项工程；流域面积 $200km^2$ 以下中小河流治理重点县综合整治项目县 8 个，共划分为 87 个项目区。

经过历年的规划建设，截至 2022 年，流域面积 $200\sim3000km^2$ 中小河流治理 2009—2015 年规划 396 个项目基本完成，灾后新增流域面积 $200\sim3000km^2$ 中小河流治理项目、流域面积 $3000km^2$ 以上主要支流治理项目、流域面积 $200km^2$ 以下中小河流治理重点县综合整治项目已全面开工，顺利推进，已完工项目所在河段达到了治理标准。近年规划建设项目主要针对重点河段，大部分有防洪任务的河段尚未进行治理，防洪依然存在隐患，据《江西省编制防汛抗旱水利提升工程实施方案》，还需治理河段包括流域面积

3000km² 以上主要支流 1853.60km、流域面积 200～3000km² 中小河流 3325km、流域面积 200km² 以下中小河流 16041km。

经调查，流域内大型河流及其支流因防洪重要性大，大部分护岸工程采用以混凝土、浆砌石等为主材的硬化处理，且基本已实施完毕；中小型河流岸坡治理所采用的护岸技术以硬化岸坡为主，主要包括浆砌石挡墙、混凝土挡墙、预制混凝土六角块护坡等，占比约为 80%；部分中小型河流岸坡治理也采用了干砌块石、格宾石笼、生态混凝土、预制混凝土六角空心块、框格草皮、生态砌块、草坪砖等材料构筑的生态护岸（坡）形式，占比较小，约为 20%。由此可见，各类生态护岸技术在鄱阳湖流域未来的应用空间巨大。

6.2.2 鄱阳湖湖区护岸技术应用现状

鄱阳湖区重点圩堤迎水面大多数采用混凝土及块石护岸等硬质传统护坡形式，背水面主要采用播种草籽进行防护或自然恢复，在景观和生态环境方面考虑较少。随着经济社会的发展和人们对生态环境保护意识的增强，在保障堤防安全稳定的前提下，利用生态工程进行堤身、堤岸衬护必将运用广泛。

通过对鄱阳湖区 46 座重点圩堤护岸应用情况调查和统计，临水面护岸形式主要有混凝土预制块、现浇（钢筋）混凝土护岸、干（浆）砌石护坡 3 种，占堤线总长度的 58.47%。混凝土框格草皮护坡、空心混凝土预制块护坡主要应用于赣东大堤、富大有堤、九合联圩、畲湾联圩等抗冲性要求较低的堤段，占 46 座重点圩堤总堤线长度的 3.9%；格宾石笼护岸、生态混凝土护坡造价较高，约为硬质传统护岸的 2 倍以上，目前在江西省圩堤中的应用不多；连锁式预制块护坡的应用也仅处于试验阶段。鄱阳湖湖区各类型护岸应用占比见图 6.2-1。

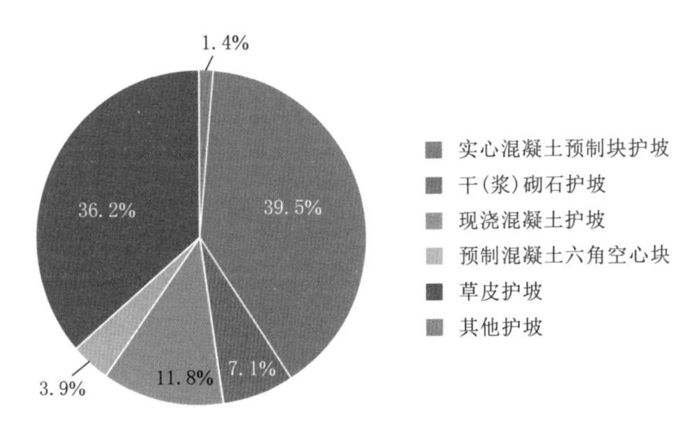

图 6.2-1 鄱阳湖湖区各类型护岸应用占比

6.2.2.1 硬质传统护岸

硬质传统护岸主要形式有实心混凝土预制块护坡、干（浆）砌石护坡、现浇混凝土护坡等，因可就地取材，施工方便，是鄱阳湖区重点圩堤普遍采用的护岸类型。实心混凝土预制块护坡整齐美观、施工快速，抵御淘刷、侵蚀能力强，被广泛应用于鄱阳湖区重点圩堤，占比为39.54%。现浇混凝土护坡由于整体性较好，具有更强的抗冲刷能力，但受施工场地和工序的影响，实际应用中占比相对较小，仅为7.09%。干（浆）砌石护坡可就地取材，适应变形能力强，应用占比为11.84%。除干砌块石护坡外，实心混凝土预制块护坡、浆砌石护岸、现浇混凝土护岸等硬质传统护岸阻断了水土之间的有机联系，导致水生动植物栖息的生态环境遭到破坏，同时，大量的混凝土材料导致了堤防岸坡色彩单一，景观功能丧失。

6.2.2.2 固土型生态护岸

固土型生态护岸是在岸坡种植草皮或撒播草籽，植物根系、茎叶分别起固土、消浪作用。草皮护坡被普遍应用于背水面及流速较缓、风浪不大的迎水面。目前46座重点圩堤迎水面草皮护坡总长为619.1km，占堤线总长度的36.22%。

6.2.2.3 复合型生态护岸

复合型生态护岸是指植物护坡与新型混凝土、新型复合材料等工程措施相结合的护岸，既防止了坡面的水土隔断，又增强了坡面的抗侵蚀能力，工程和植被相互补给、相互促进，共同抵御水流波浪的淘刷，达到护岸与生态相结合的功效。常用的复合型生态护岸有格宾石笼护岸、生态混凝土护坡、混凝土框格草皮护坡、空心混凝土预制块护坡、连锁式预制块护坡等。

格宾石笼护岸具备较强的抗冲刷能力和透水性能，但石笼编织工艺较复杂，施工需大型设备及大量石材；生态混凝土护坡孔隙率高，透气性好，能为水生动植物提供生存繁殖场所，但护坡内碱度难以控制，不利于植被生长。混凝土框格草皮护坡、空心混凝土预制块护坡、连锁式预制块护坡统称为孔洞型结构护坡，前两种护坡开孔率较大，水面以上的孔洞间可植草固土，水面以下的孔洞可为水生动物提供栖息场地，连锁式预制块护坡拼接锁定牢固，整体性较强，砌块间的孔洞可供植物生长。

6.2.2.4 土工织物生态护岸

土工织物生态护岸是指由土工织物、填充土料组成的护岸形式，常用的形式有三维排水柔性生态袋护坡和三维植被固土网垫护坡两种，目前仅在鄱阳县沿河圩等堤防开展现场观测研究，其中三维植物网护坡堤防570m，椰网植生带护坡堤防750m。

三维排水柔性生态袋护坡是用一种可降解的纤维织物袋装土护坡，随着织物袋内植物根系的生长和织物袋逐步降解后，形成一个稳固的整体护坡，由于生态袋是柔性结构，可适用于各种地形。三维植被固土网垫护坡主要由高分子化学材料网垫、填充土、草籽三部分组成，网垫为高强度的空间结构，能起到较好的消浪和固土作用，被夹有草籽的土填充后，草籽与网垫形成一个整体，可有效改善坡面水土流失和流域水生环境。

6.3　生态砌块护岸设计与应用案例——以崇仁县八角亭水为例

6.3.1　基本情况

（1）河道概况：崇仁县境内八角亭水系孤水支流，流经礼陂、郭圩、六家桥等乡镇，至崇仁县六家桥乡六家桥村与崇仁水汇合于抚河二级支流崇仁河，流域面积为 16.9km^2，流域长度为 12.6km，主河道长度为 12.6km，流域宽度为 1.34km，河床比降为 3.18‰。

（2）整治范围：从崇宜公路与河流交叉口往上游 0.8km、下游 1.2km 的河段，治理河段以上控制流域面积为 9.63km^2，治理河长为 2.0km，河床比降为 3.12‰，途经新村、陈铁村（见图 6.3-1）。

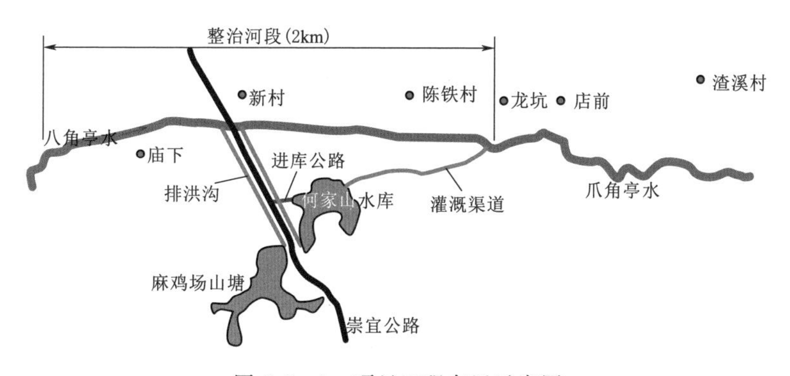

图 6.3-1　项目工程布置示意图

（3）整治前河段情况：治理段较顺直，河道两岸大部分属于自然岸坡，两岸植物茂盛，上游部分河道狭窄，下游部分河段内淤积较严重，长满水草，存在阻水，部分河段岸坡受水流冲刷严重。河道两岸无道路，河道两侧为农业种植园。总体来看，河道无层次，无特点，观赏性差，可达性和亲水性差，且影响行洪和岸坡稳定，详见图 6.3-2～图 6.3-5。

（4）建设标准：河道工程建设等别为Ⅴ等，护岸工程级别为 5 级。

图 6.3-2 整治前河道情况（一）

图 6.3-3 整治前河道情况（二）

图 6.3-4 整治前河道情况（三）

图 6.3-5 整治前河道情况（四）

（5）整治目标：将该段河道改造成一条农业观光和水生态体验相结合的绿色休闲廊道，使河道功能恢复，防洪除涝能力提高，水环境得到显著改善，初步实现河畅、水清、岸绿、景美的综合整治目标，增强水文景观的观赏性。

6.3.2 典型设计方案

6.3.2.1 方案选取

传统的护岸形式如浆砌石挡墙护岸、混凝土挡墙护岸等，会阻隔河道水体与两侧岸坡的水力交换，影响河道水体的自我修复功能，因此，对于该工程的河道岸坡治理，应选择生态护岸形式进行衬护。考虑到河道两岸大部分为农田，征地困难，不宜选择拓宽河道断面、开挖量较大的斜坡式生态护岸形式，因此，结合前面的介绍，方案可考虑松木桩护岸、石笼护岸、生态砌块挡墙护岸。

松木桩护岸施工简单、造价较低，生态性好，由于该河段平均岸坡高2.5m，若选用松木桩护岸，以每排松木桩露出地面1m计，至少应建三排松木桩，使两岸占地空间大。图6.3-6为河道桩号K0+600松木桩+堆石+柳条护岸的断面设计图。以该断面为典型断面进行工程量计算，并根据《江西省水利水电建筑工程概算定额（试行）》（赣水建管字〔2006〕242号），采用2020年一季度价格水平计算该设计方案造价，得出该方案造价为1508元/m（含透水砖路面和仿木栏杆费用）。

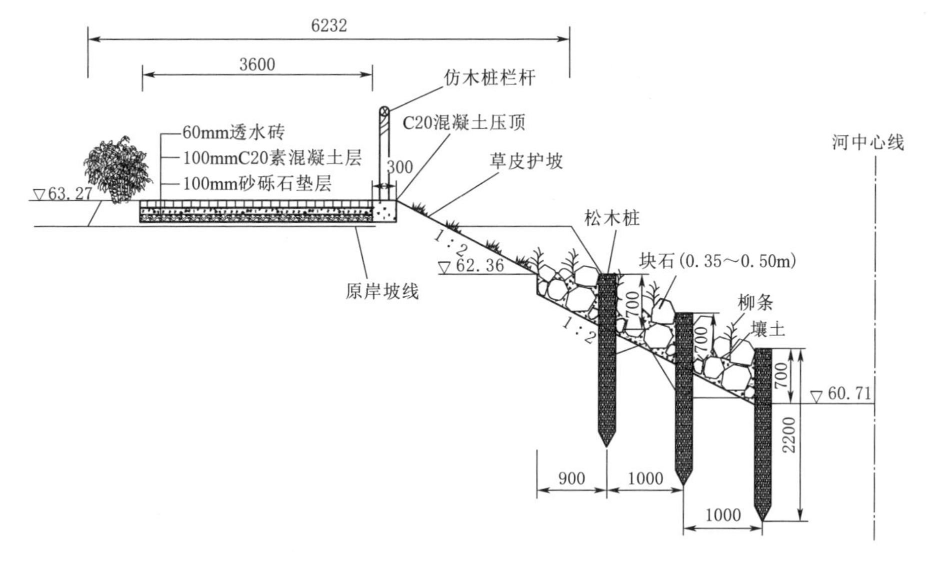

图6.3-6 松木桩+堆石+柳条护岸典型设计图（2.56m高）（单位：尺寸，mm；高程，m）

石笼护岸造价较低，施工简单且结构稳定性好，块石间形成的多孔结构使其具有较好的生态性，在中小河流治理中应用十分广泛。但如果上游居民生产、生活遗弃的垃圾较多，且河道水流流速较大或山洪频发，则石笼护岸易挂腐烂物、漂浮物等水中垃圾，且人工清理石笼中钩挂的垃圾难度较大，成本高，若任其聚拢在该段河道，对水体水质以及生态性效果影响较大。图6.3-7所示为河道桩号K0+600石笼护岸典型设计图。以该断面为典型断面进行工程量计算，并根据《江西省水利水电建筑工程概算定额（试行）》（赣水建管字〔2006〕242号），采用2020年一季度价格水平计算该设计方案造价，得出该方案造价为2500元/m（含透水砖路面和仿木栏杆费用）。

生态砌块挡墙护岸占地少，覆绿快，可一年四季挂绿，绿化效果好，与工程治理目标一致。但该护岸形式造价较高，施工工艺较复杂，是造成它在江西省应用较少的主要原因。图6.3-8为河道桩号K0+600自卡锁式生态砌块挡墙护岸典型设计图。以该断面为典型断面进行工程量计算，并根据《江西省水利水电建筑工程概算定额（试行）》（赣水建管字〔2006〕242号），采用2020年一季度价格水平计算该设计方案造价，得出该方案造价为3118元/m（按墙高2.56m计，含绿化、透水砖路面和仿木栏杆费用）。

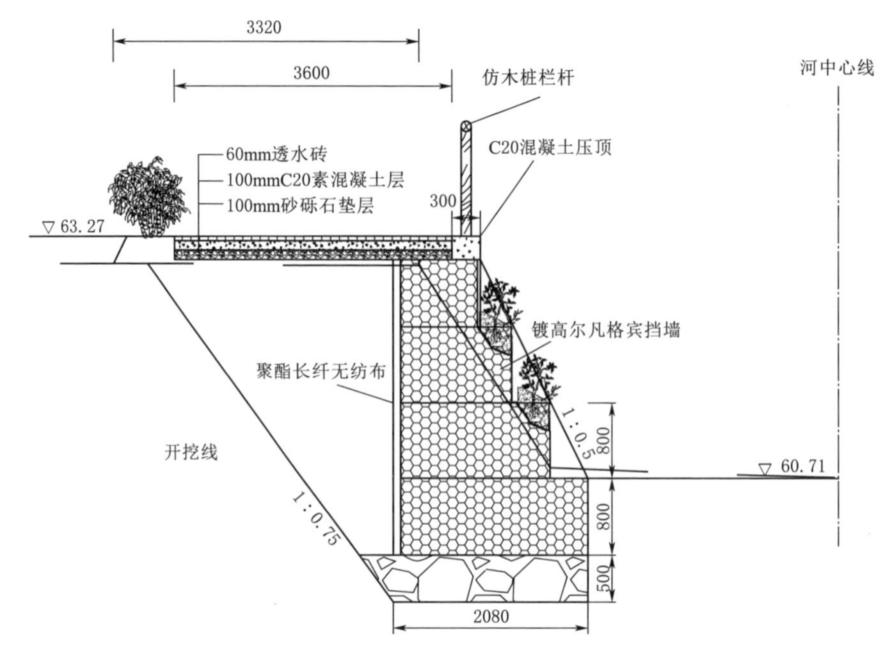

图6.3-7 石笼护岸典型设计图（2.56m高）（单位：尺寸，mm；高程，m）

以上三种护岸形式在技术层面上均可实施，但受限于用地条件、整治目标等因素，下面主要从占地范围、绿化效果、景观效果、造价四个方面对三种设计方案进行列表对比分析（见表6.3-1）。

表6.3-1　　三种设计方案对比表

设计方案	占地范围	绿化效果	景观效果	造价/(元/m)
松木桩护岸	占用河岸一侧6.23m	前期主要以生长杂草为主，后期柳条成活，绿化效果显著；缺点是前期绿化效果差、覆绿时间长	前期景观效果差，后期柳条长成柳树，恢复成自然河道形态，景观效果较好	1508
石笼护岸	占用河岸一侧3.32m	石笼主要是通过石块之间的缝隙长出草木，草木短小，以本地杂草为主，绿化效果一般	块石与缝隙间绿草相互点缀，景观性较好，但考虑到八角亭水山洪频发，上游居民较多，易将生产、生活垃圾转移至下游，造成垃圾聚拢、难以清理	2500
生态砌块挡墙护岸	占用河岸一侧3.16m	前期可直接通过栽种绿植使墙面快速覆绿，且覆绿面积大，几乎可以覆盖墙面	可选择不同绿植进行栽种，使墙面绿化、美化、艺术化，景观效果好	3118

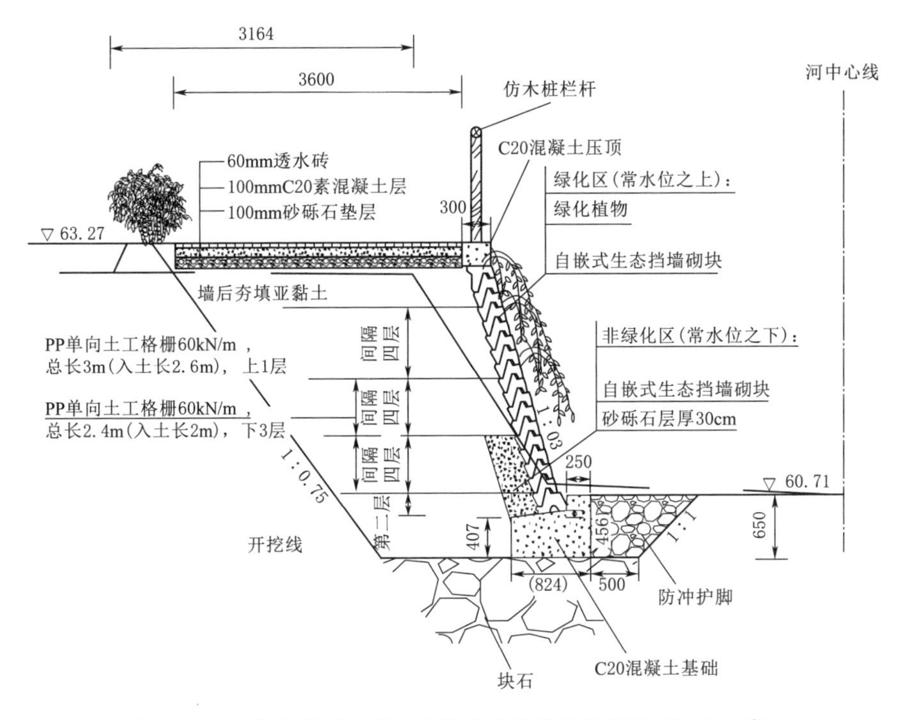

图 6.3-8 自卡锁式生态砌块挡墙护岸典型设计图（2.56m 高）
（单位：尺寸，mm；高程，m）

通过比较可知，松木桩护岸占地多、绿化慢，不符合该工程的用地条件和景观要求；石笼护岸景观效果受人为活动影响大，难以保障工程整治目标的实现；生态砌块挡墙护岸造价偏高，但占地少、绿化效果及景观效果好，符合工程的整治目标，因此设计方案选择生态砌块挡墙护岸。

6.3.2.2 结构稳定性分析

1. 安全稳定系数的选取

根据相关规范规定，本工程的安全稳定系数按以下数据进行计算和校核：基底抗滑稳定系数为 1.4，抗倾稳定系数为 1.5，整体抗滑稳定系数为 1.25。

生态挡墙的内部稳定计算按《公路路基设计规范》（JTG D30—2015）进行，按规范规定本工程的安全稳定系数为：筋带抗拔稳定性及筋带抗拉强度验算时其结构重要性系数 γ_0、荷载分项系数 γ_{Q1}、抗拔力计算调整系数 γ_{R1}、抗拉性能的分项系数 γ_f、抗拉材料抗拉计算的分项系数 γ_{R2}（拟用单向拉伸塑料土工格栅）取值分别为 0.95、1.4、1.4、1.25、2.0。

2. 计算参数选取

（1）挡墙顶附加荷载取人行荷载 3.0kN/m^2。

(2) 采用荣勋生态砌块 RXP - 280 - 10 (C25) 混凝土砌块宽 280mm，高 150mm。

(3) 挡墙的筋带拟采用单向拉伸塑料土工格栅，抗拉力 $T_s=60$kN/m；土工格栅与加筋土填料（开挖料）的界面摩擦系数 $f'=0.25$，土工格栅在砌块中的总长度取常数 0.4m。

(4) 筋带节点的水平间距 $S_X=1$m。

(5) 加筋土填料设计为开挖料（亚黏土），其力学性能指标为：容重 $\gamma=19$kN/m^3，内摩擦角 $\varphi=20°$，$c=15$kPa；按"土体抗剪强度相等的原则"计算得出综合内摩擦角 $\varphi=30.833°$，为便于计算设计取值 $\varphi=30.8°$。

(6) 设计挡墙基础为冲积土，其力学性能设计指标为：容重 $\gamma=19$kN/m^3，内摩擦角 $\varphi=19°$，$c=14$kPa，承载力特征值 $[\sigma_0]\geqslant 100$kPa，基底摩擦系数取 0.3。

(7) 墙体采用梯形断面计算，筋带长见图 6.3-8。

(8) 墙后回填土与加筋体填料相同。

(9) 计算时取设计洪水位低于堤顶 0.95m。

3. 筋带（土工格栅）抗拉强度验算

根据以上计算参数、参考《公路路基设计规范》(JTG D30—2015) 分别计算不同深度的土压力系数、土压力及筋带拉力等参数，荣勋技术生态挡墙不分缝，筋带平铺，故计算按每延长 m 受力计算，公式如下：

$$\gamma_0 T_{i0} \leqslant \frac{f_k}{\gamma_f \gamma_{R2}}, \quad 故\ f_k \geqslant \gamma_0 \gamma_f \gamma_{R2} T_{i0}$$

$$T_{i0}=\gamma_{Q1} T_i, \quad T_i=(\sum \sigma_{Ei}) S_x S_y$$

$$\sum \sigma_{Ei}=\sigma_{zi}+\sigma_{ai}+\sigma_{bi}$$

计算结果见表 6.3-2～表 6.3-5。

表 6.3-2　施工期间不计活荷载时筋带所受拉力计算表

筋带层号	筋带距离顶高/m	土压力系数	水面以上土压力/(kN/m²)	水面以下土压力/(kN/m²)	有效永久荷载/(kN/m²)	有效行人等代荷载/(kN/m²)	有效车辆等代荷载/(kN/m²)	横向间距/m	纵向间距/m	筋带所受拉力计算/kN	筋带所受拉力设计值/kN	筋带强度标准值计算/(kN/m)
1	0.652	0.47	12.388	0	0	0	0	1	0.802	4.67	6.538	15.53
2	1.235	0.454	23.465	0	0	0	0	1	0.583	6.21	8.694	20.65
3	1.818	0.438	34.542	0	0	0	0	1	0.583	8.819	12.347	29.32
4	2.401	0.422	45.619	0	0	0	0	1	0.583	11.22	15.708	37.31

表 6.3-3　施工期间活荷载为设计满载时筋带所受拉力计算表

筋带层号	筋带距离顶高/m	土压力系数	水面以上土压力/(kN/m²)	水面以下土压力/(kN/m²)	有效永久荷载/(kN/m²)	有效行人等代荷载/(kN/m²)	有效车辆等代荷载/(kN/m²)	横向间距/m	纵向间距/m	筋带所受拉力计算/kN	筋带所受拉力设计值/kN	筋带强度标准值计算/(kN/m)
1	0.652	0.47	12.388	0	0	3	0	1	0.802	5.801	8.121	19.29
2	1.235	0.454	23.465	0	0	3	0	1	0.583	7.004	9.806	23.29
3	1.818	0.438	34.542	0	0	3	0	1	0.583	9.585	13.419	31.87
4	2.401	0.422	45.619	0	0	3	0	1	0.583	11.958	16.741	39.76

表 6.3-4　设计洪水期间不计活荷载时筋带所受拉力计算表

筋带层号	筋带距离顶高/m	土压力系数	水面以上土压力/(kN/m²)	水面以下土压力/(kN/m²)	有效永久荷载/(kN/m²)	有效行人等代荷载/(kN/m²)	有效车辆等代荷载/(kN/m²)	横向间距/m	纵向间距/m	筋带所受拉力计算/kN	筋带所受拉力设计值/kN	筋带强度标准值计算/(kN/m)
1	0.652	0.47	12.388	0	0	0	0	1	0.802	4.67	6.538	15.53
2	1.235	0.454	18.05	2.85	0	0	0	1	0.583	5.532	7.745	18.39
3	1.818	0.438	18.05	8.68	0	0	0	1	0.583	6.824	9.554	22.69
4	2.401	0.422	18.05	14.51	0	0	0	1	0.583	8.008	11.211	26.63

表 6.3-5　设计洪水位期间活荷载为设计满载时筋带所受拉力计算表

筋带层号	筋带距离顶高/m	土压力系数	水面以上土压力/(kN/m²)	水面以下土压力/(kN/m²)	有效永久荷载/(kN/m²)	有效行人等代荷载/(kN/m²)	有效车辆等代荷载/(kN/m²)	横向间距/m	纵向间距/m	筋带所受拉力计算/kN	筋带所受拉力设计值/kN	筋带强度标准值计算/(kN/m)
1	0.652	0.47	12.388	0	0	3	0	1	0.802	5.801	8.121	19.29
2	1.235	0.454	18.05	2.85	0	3	0	1	0.583	6.326	8.856	21.03
3	1.818	0.438	18.05	8.68	0	3	0	1	0.583	7.59	10.626	25.24
4	2.401	0.422	18.05	14.51	0	3	0	1	0.583	8.746	12.244	29.08

从上述结果可知，筋带材料强度标准计算最大值 f_k 为 39.76kN/m，选用的单向拉伸塑料土工格栅抗拉力 T_s=60kN/m，满足要求。

4. 抗拔稳定性验算

根据设计断面的构造尺寸和受力，初拟筋带长度，根据图 6.3-8 确定筋带活动长度和锚固长度，通过土工格栅所受压力和其与填土的摩擦系数计算筋带可产生的抗拔力及筋带有效锚固长度，验算设计筋带长度是否满足要求，公式如下：

$$\gamma_0 T_{i0} \leqslant \frac{T_{Pi}}{\gamma_{R1}}, \quad 即\ T_{Pi} \geqslant \gamma_0 \gamma_{R1} T_{i0}$$

$$T_{pi} = 2f'\sigma_i b_i L_{ai}, \quad 即\ L_{ai} \geqslant \frac{\gamma_0 \gamma_{R1} T_{i0}}{2f'\sigma_i b_i}$$

计算结果见表 6.3-6 和表 6.3-7。

表 6.3-6　施工期间（计活荷载作用）筋带抗拔力及长度计算表

筋带层号	筋带距离顶高/m	竖直压应力/(kN/m²)	筋带分布总宽度/m	筋带所受拉力设计值/kN	抗拔力/kN	筋带有效锚固长度计算值/m	筋带活动区长度/m	筋带总长度计算值/m	设计筋带总长度/m
1	0.652	12.388	1	8.121	10.801	1.74	0.72	2.86	3.0
2	1.235	23.465	1	9.806	13.042	1.11	0.56	2.07	2.4
3	1.818	34.542	1	13.419	17.847	1.03	0.4	1.83	2.4
4	2.401	45.619	1	16.741	22.266	0.98	0.25	1.63	2.4

表 6.3-7　设计洪水期间（计活荷载作用）筋带抗拔力及长度计算表

筋带层号	筋带距离顶高/m	竖直压应力/(kN/m²)	筋带分布总宽度/m	筋带所受拉力设计值/kN	抗拔力/kN	筋带有效锚固长度计算值/m	筋带活动区长度/m	筋带总长度计算值/m	设计筋带总长度/m
1	0.652	12.388	1	8.121	10.801	1.74	0.72	2.86	3.0
2	1.235	20.9	1	8.856	11.778	1.13	0.56	2.09	2.4
3	1.818	26.73	1	10.626	14.133	1.06	0.4	1.86	2.4
4	2.401	32.56	1	12.244	16.285	1	0.25	1.65	2.4

由计算结果可知，设计的筋带总长度均大于计算所得的筋带总长度值，满足规范要求。

5. 挡墙稳定校核

采用“理正挡土墙计算程序”进行计算，计算结果见表 6.3-8：

表 6.3-8　挡墙稳定计算表

计算工况		抗滑稳定系数	倾覆系数	基底应力/kPa			整体稳定系数
				墙趾	墙踵	平均	
施工期	无活荷载	1.96	8.48	82.89	29.83	56.36	2.28
	满活荷载	2.01	8.49	85.29	32.81	59.05	2.22

续表

计算工况		抗滑稳定系数	倾覆系数	基底应力/kPa			整体稳定系数
				墙趾	墙踵	平均	
洪水位	无活荷载	1.7	2.34	53.16	21.53	37.35	1.9
	满活荷载	1.77	2.43	55.57	24.51	40.04	1.87

分析上表计算结果，在不同工况的条件下设计挡墙的抗滑、抗倾、整体稳定、地基承载力均可满足规范要求，说明本设计方案是可行的。

6.3.3 实施效果

工程竣工后该段河道经历了数次山洪，两岸挡墙未发现有破坏现象，墙体结构稳定；挡墙绿化主要栽种植物为迎春花和翠芦莉，四季常绿，花开时花香两岸，人们在两岸游步道上散步、游玩，结合旁边的农业观光园，真正将该段河道改造成了一条农业观光和水生态体验相结合的绿色休闲廊道。图 6.3-9～图 6.3-11 所示为工程完工一年后情况。

图 6.3-9 工程完工一年后情况（一）

图 6.3-10 工程完工一年后情况（二）

图 6.3-11 工程完工一年后情况（三）

6.4 生态袋护岸设计与应用案例——以永丰县鹿港水为例

6.4.1 基本情况

(1) 河道概况：鹿港水又名古陂水，流域面积为 89.9km²，主河道长 22.1km，河道比降为 3.97‰，发源于永丰县沿陂镇西源村，流经沿陂镇枧田村、吉江村、水东村、炉下村、涂家村、下袍村，于下袍村从右岸汇入永丰水。

(2) 整治范围：本次治理段为鹿港水库竹梗水库下游河段，鹿港水桩号 14＋810～14＋910（右岸 100m）、14＋910～15＋160（左岸 250m）总长 350m 河岸。

(3) 整治前河段情况：原河道宽度 42m，岸坡平均高度 4m，河道窄浅曲折多弯，河岸迎流顶冲严重，河道坡降陡，落差大，洪水流速度快，冲刷力强，沿河两岸河岸崩塌、农田损毁严重；河道两岸为村庄及农田，村庄段河岸挂满生活垃圾，影响河流生态环境，景观性也较差，如图 6.4－1 和图 6.4－2 所示。

图 6.4－1 整治前河道情况（一）

图 6.4－2 整治前河道情况（二）

(4) 建设标准：河道工程建设等别为Ⅴ等，护岸工程级别为 5 级。

(5) 整治目标：该工程作为江西省中小河流重点县综合整治及水系连通永丰沿陂项目区试点工程，通过生态岸坡工程治理，使鹿港水艾家村段河流增强抗冲刷能力，提升景观性，使该河段成为一条生态的河、健康的河、美丽的河。

6.4.2 典型设计方案

6.4.2.1 方案选取

传统的护岸形式使河道渠化、白化、硬化，不符合工程治理目标，因此，对于该工程的河道岸坡治理，应选择生态护岸形式进行衬护。考虑到该段河道两岸岸坡较缓，当地石料取材困难，且岸上村庄居民有亲水需求，不宜采用直立式生态挡墙；另外，考虑到该段河道流速较大，需满足一定的抗冲刷能力，植物护坡、人工纤维草垫护坡不适合此河段。因此，结合前面的介绍，方案可考虑生态袋护坡、生态混凝土护坡、生态连锁块护坡。

（1）生态袋护坡所利用的土工材料具有“透水不透土”的性能，其抗冲刷能力突出，绿化效果良好，在江西省中小河流治理中有一定的应用基础。图 6.4－3 所示为河道桩号 K14＋900 生态袋护坡典型设计图。以该断面为典型断面进行工程量计算，并根据《江西省水利水电建筑工程概算定额（试行）》（赣水建管字〔2006〕242 号），采用 2020 年一季度价格水平计算该设计方案造价，得出该方案造价为 1357 元/m。

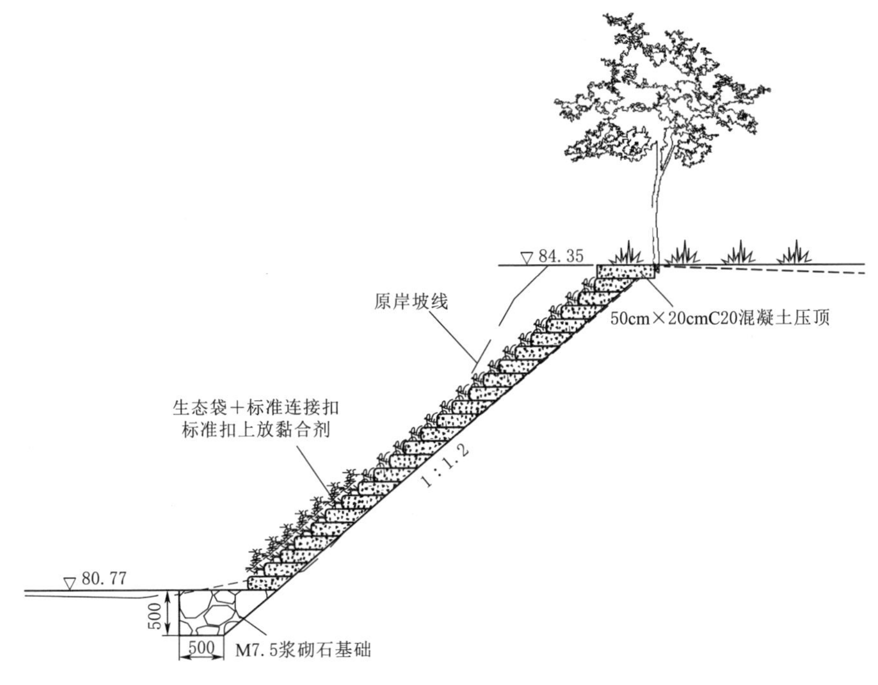

图 6.4－3　生态袋护坡典型设计图（3.58m 高）（单位：尺寸，mm；高程，m）

（2）生态混凝土护坡是利用生态混凝土材料保护坡面稳定的一种新型生态护坡形式，由多孔混凝土、含土壤、保水剂和缓释肥等物质的适生材料及表层土组成，它不仅能够使得花、草等植被在其中自由生长，还能保证骨料层的抗压强度。该生态护坡技术是当前生态岸坡研究方向中的热点，但由于产品加工复杂，技术尚不够成熟，在江西应用较少。图 6.4－4 所示为河道桩号 K14＋900 生态混凝土护坡典型设计图。以该断面为典型断面进行工程量计算，并根据《江西省水利水电建筑工程概算定额（试行）》（赣水建管字〔2006〕242 号），采用 2020 年一季度价格水平计算该设计方案造价，得出该方案造价为 1768 元/m。

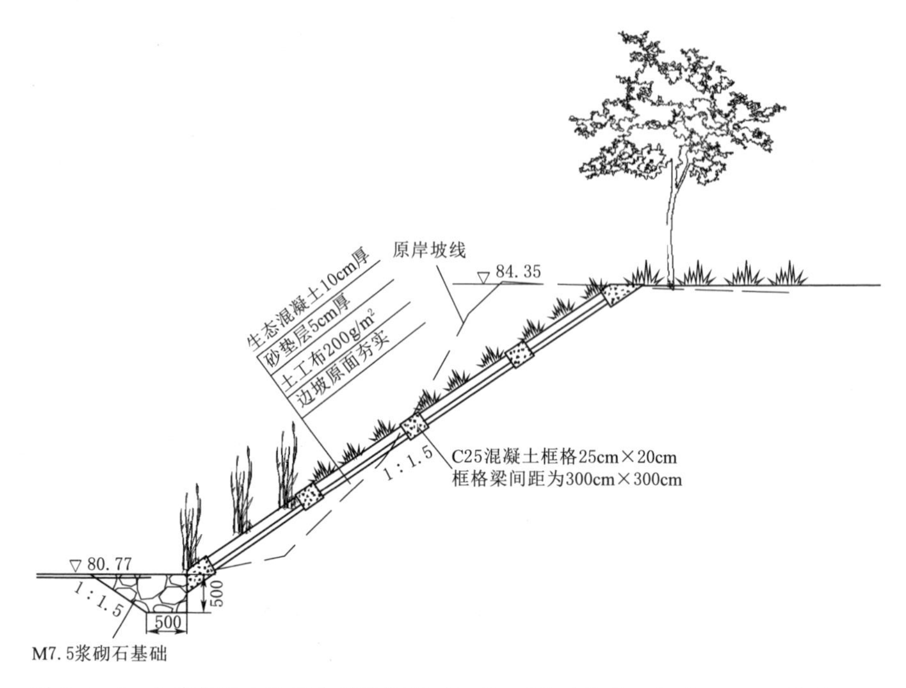

图 6.4－4　生态混凝土护坡典型设计图（3.58m 高）（单位：尺寸，mm；高程，m）

（3）生态连锁块护坡是利用预制的混凝土空心砖相互连锁或嵌锁，既可增强岸坡抗水流冲刷的能力，又具有较强的变形适应能力，同时可利用砖块中间的空心槽种植花草，对坡面进行绿化，在江西省中小河流治理中应用较多。图 6.4－5 所示为河道桩号 K14＋900 生态连锁块护坡典型设计图。以该断面为典型断面进行工程量计算，并根据《江西省水利水电建筑工程概算定额（试行）》（赣水建管字〔2006〕242 号），采用 2020 年一季度价格水平计算该设计方案造价，得出该方案造价为 1065 元/m。

鉴于以上 3 种护坡形式在技术层面上均可实施，下面主要从绿化效果、景观效果、造价 3 个方面进行列表对比分析（表 6.4－1）。

通过上述 3 种方案的比较可知，3 种护坡形式绿化效果均较好，生态袋护坡及生态混凝土护坡景观效果良好，生态连锁块护坡景观效果稍差但造价相对便宜。因此，从整治目标来看，选择造价相对适中、受洪水冲淹后能快速覆绿的生态袋护坡能够更好地实现设计效果。

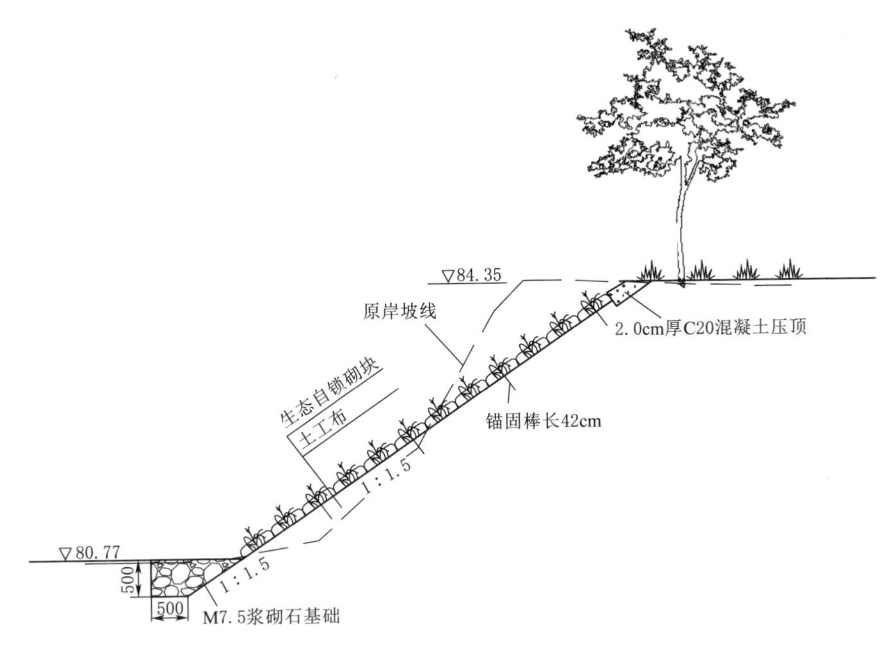

图 6.4-5 生态连锁块护坡典型设计图（3.58m 高）（单位：尺寸，mm；高程，m）

表 6.4-1 三种设计方案对比表

设计方案	绿化效果	景观效果	造价/(元/m)
生态袋护坡	前期通过坡面播种绿化，约一个半月后，岸坡完全被绿草覆盖，绿化效果明显	坡面覆绿后，基本看不见原生态袋叠放形态，与原自然岸坡浑然一体，且植物根系扎入较深，即使受洪水冲刷淹死坡面植物，洪水过后，植物又可以迅速复活。景观效果较好	1357
生态混凝土护坡	前期通过喷播技术将种子注入大骨料孔隙中，经覆膜、浇水等养护后，植被逐渐恢复，基本可覆盖坡面，绿化效果较好	坡面覆绿后，混凝土框架形成的区格将绿色岸坡划分成块，灰绿相间，景观效果较好；即使遭受洪水冲淹，坡面也可快速覆绿	1768
生态连锁块护坡	可在连锁块空心槽中栽种花草使坡面快速绿化，也可播种绿化，但受空心槽面积占比影响，坡面绿化覆盖率较上面两种略差	绿植生长茂盛时坡面绿化情况良好，但当遭受洪水冲淹或冬季草木枯黄后，坡面呈现出“白化”“两面光”的原始面貌，景观性稍差	1065

6.4.2.2 结构稳定性分析

生态袋对于削坡至自然稳定的河岸的坡面防护，既可以采用长袋锚固法，也可以采用堆叠加固法。采用生态袋进行坡式防护的前提是所护的岸坡自身具有稳定的坡度，生态袋仅仅是起到对坡面的防护。对于黏性土，保持自然稳定的永久开挖边坡坡比一般为1∶1.0～1∶1.5；对于砂性土，保持自然稳定的永久开挖边坡坡比一般为1∶1.5～1∶2.0。具体的稳定坡比与土层性质与结构有关。生态袋在进行岸坡坡式防护时，必须保证生态袋自身结构的稳定，主要有以下三个方面要求：

（1）固脚稳定。同浆砌块石、混凝土预制块、干砌块石等护坡一样，必须做好固脚，防止护坡结构下滑或移动。

（2）做好压顶。堆叠加固法及长袋法护坡在袋子与袋子间应用连接扣将袋与袋之间连成一个整体，同时用锚杆将生态袋与坡面连成一个整体。生态袋袋身的稳定主要取决于材料产品质量是否合格以及施工是否规范。

该工程所在河段的两岸边坡主要以黏性土质为主，将原岸坡开挖放缓至坡比为1∶1.2，可满足坡面结构的稳定。同时具体实施时严格保障生态袋产品及施工的质量，可满足岸坡结构安全性。

6.4.3 实施效果

项目于2015年1月开始施工，2015年2月完工，从施工完成到现在已有一年半，经过两个汛期洪水的考验，现将工程应用后的效果情况介绍如下：

（1）生态袋护坡结构稳定性。2016年6月，项目组到现场对工程应用后的情况进行了仔细察看，发现生态袋堆叠法护坡及长袋法护坡结构完整稳固，不存在滑坡、塌陷、冲刷、脱落、松动等情况，结构运行良好。

（2）生态袋情况。经检查发现，目前生态袋已被绿化后的草体覆盖，在日晒、风吹、水浸等野外环境下，未发现生态袋有降解、腐蚀、破损及动物破坏现象，生态袋本身完好无损（见图6.4-6和图6.4-7）。

图6.4-6 一年后生态袋本身完好无损（一）

图6.4-7 一年后生态袋本身完好无损（二）

(3) 岸坡绿化情况。岸坡防护工程施工完成后，即开始对岸坡进行了播种绿化工作，在绿化实施一个半月后，岸坡就基本上已被绿草所覆盖，绿化效果非常明显（见图 6.4-8 和图 6.4-9）。现岸坡植物经过自然生长，绿草根系已深深地扎入生态袋坡面，坡面全部被绿草植物所覆盖，坡面生态袋已看不见，坡面绿草植物与生态袋护坡形成了一个整体，不但强化了对岸坡的防护作用，还达到岸绿景美的效果（见图 6.4-10～图 6.4-13）。

图 6.4-8　绿化后一个半月效果（一）

图 6.4-9　绿化后一个半月效果（二）

图 6.4-10　绿化后一年半效果（一）

图 6.4-11　绿化后一年半效果（二）

图 6.4-12 绿化植物根系牢固扎入生态袋内且生态袋完好（一）

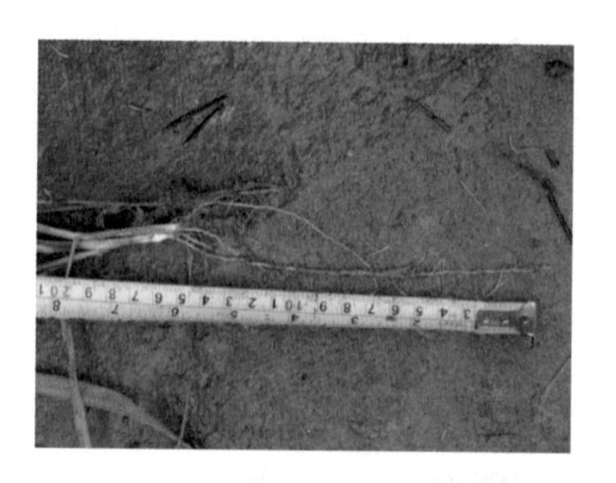

图 6.4-13 绿化植物根系牢固扎入生态袋内且生态袋完好（二）

6.5 石笼护岸设计与应用案例——以五都镇丰溪河为例

6.5.1 基本情况

（1）河道概况：丰溪河是信江流域第二大支流，位于江西省东北部，主河道长为117.0km，坡降为1.8‰，流域面积为2258.0km²。地理坐标东经为117°27′05″～118°00′15″，北纬28°51′40″～28°33′30″。丰溪河发源于福建省浦城县仙霞岭，主支棠岭港自源头起大致以北西走向，流经福建省浦城县境内的官路、古溪、盘亭等地，在二渡关进入江西省上饶市广丰区，经广丰区的桐畈、沙田，在溪东与十五都港汇合后称丰溪河。丰溪河干流经广丰区的五都、杉溪转为东西流向，经广丰区丰溪、永丰、河北、洋口，上饶县皂头，信州区朝阳、茅家岭等地，在上饶市信州区三江口处注入信江。

（2）整治范围：治理段为丰溪河五都镇段，属于丰溪河上中游段，范围于五都镇项家村起、栗树墩村止，共计11.40km。其中，桩号0＋050～0＋830（左岸780m）、6＋150～6＋260（右岸110m）、6＋900～7＋210（右岸310m）及9＋600～10＋250（左岸650m）总长1850m河岸采用石笼网护岸。

（3）整治前河段情况：丰溪河五都镇段最大宽度为49.5m，平均宽度为33.4m，岸坡高度在4.0～7.0m之间，该河段曲折多弯，凹岸段岸坡正对丰溪河主干段迎流顶冲，洪水流量大、流速快，河岸迎流顶冲严重，导致土质岸坡植被覆盖少，水土流失较严重，多处河段出现坡脚淘空、岸坡坍塌等问题。河道两岸以乡镇、村庄及农田为主，给沿岸居民的生命财产安全构成威胁，详见图6.5-1和图6.5-2。

图 6.5-1 整治前河道冲刷严重

图 6.5-2 整治前河道局部坍塌

（4）建设标准：河道工程建设等别为Ⅴ等，护岸工程级别为5级。

（5）整治目标：针对丰溪河五都镇境内河段存在的问题，通过河道岸坡加固工程，提高河道重点河段的抗洪能力，保护区域内人民财产和生命安全。在保障工程安全、可靠的前提下，尽量选择生态护坡以兼顾生态环境效应，恢复河道岸坡自然景观，与周边环境和谐共处。

6.5.2 典型设计方案

6.5.2.1 方案选取

传统的河道护岸工程往往侧重于耐用性和安全性，一般选用浆砌石、混凝土等硬质材料对河岸进行加固，但这种护岸形式的弱透水性阻隔了水土之间的联系，不利于生态环境的可持续发展。因此，对于该工程的河道岸坡治理，在保障工程安全、可靠的前提下，尽量选择生态护岸形式进行衬护。考虑到该段河道两岸岸坡较高，且当地村民有亲水需求，不宜采用直立式生态挡墙；另外，考虑到该段河道流量、流速均较大，需满足一定的抗冲刷能力，且当地石料丰富，因此，方案可考虑干砌块石护坡、混凝土六角预制块护坡、石笼护岸等。

（1）干砌块石护坡虽然是传统护坡形式，但因其用材单一，造价较低，施工简单，且具有一定的生态性，在江西省中小河流治理中应用得较多。图 6.5-3 所示为河道桩号 K0+150 干砌块石护坡典型设计图。以该断面为典型断面进行工程量计算，并根据《江西省水利水电建筑工程概算定额（试行）》（赣水建管字〔2006〕242号），采用2020年一季度价格水平计算该设计方案造价，计算得到该方案造价为1060元/m。

（2）混凝土六角预制块是采用特定模具预制的一种混凝土块，分为实心混凝土预制块、空心混凝土预制块两种。实心混凝土预制块因其抗冲刷能力较强设计中多在设计洪水位或常水位以下使用；空心混凝土预制块因其特有

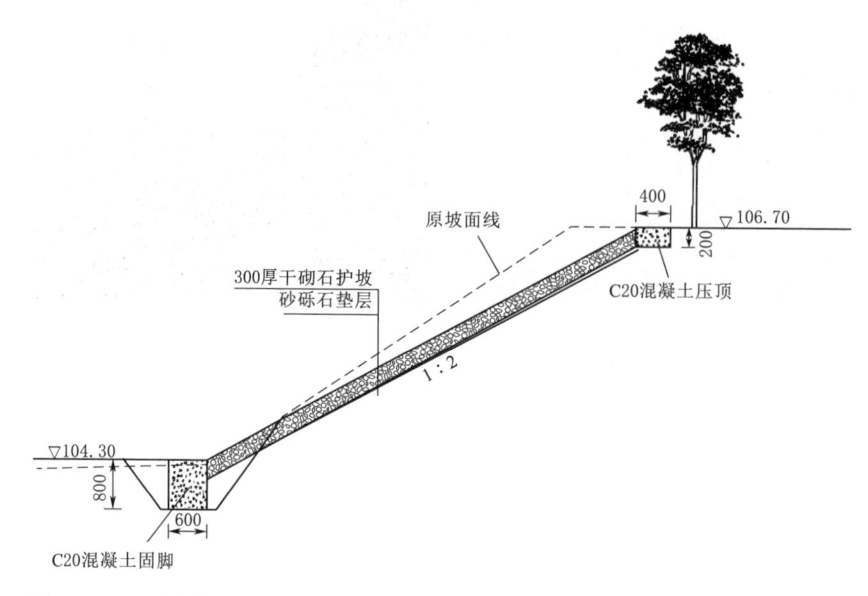

图 6.5-3　干砌块石护坡典型设计图（2.50m 高）（单位：尺寸，mm；高程，m）

的中空结构，有利于渗水和排水，以及植物的生长，具有一定的生态绿色效果，多在设计洪水位或常水位以上使用。图 6.5-4 所示为河道桩号 K0+150 混凝土六角预制块护坡典型设计图。以该断面为典型断面进行工程量计算，并根据《江西省水利水电建筑工程概算定额（试行）》（赣水建管字〔2006〕242 号），采用 2020 年一季度价格水平计算该设计方案造价，计算得到该方案造价为 985 元/m。

（3）雷诺护垫作为石笼护岸中的一种结构形式，其结构综合了刚性及柔性材料的特点，具有整体性、柔韧性、抗冲性等性能优势，在河道岸坡衬护中适用性较广，多用于受水流冲刷、风浪侵袭和水土流失严重的护岸、护堤工程。且石笼护坡造价低、生态性好、适用性强，在江西省中小河流治理中应用越来越多，是目前水利工程生态护坡中运用较多的一种形式。图 6.5-5 所示为河道桩号 K0+150 雷诺护垫典型设计图。以该断面为典型断面进行工程量计算，并根据《江西省水利水电建筑工程概算定额（试行）》（赣水建管字〔2006〕242 号），采用 2020 年一季度价格水平计算该设计方案造价，计算得到该方案造价为 1170 元/m。

鉴于以上 3 种护岸形式在技术层面上均可实施，考虑到河岸护坡面积较大，对施工、材料、护坡整体性都有一定的要求。因此，下面主要从施工难易程度、适应变形能力、景观效果、造价 4 个方面进行列表对比分析（见表 6.5-1）。

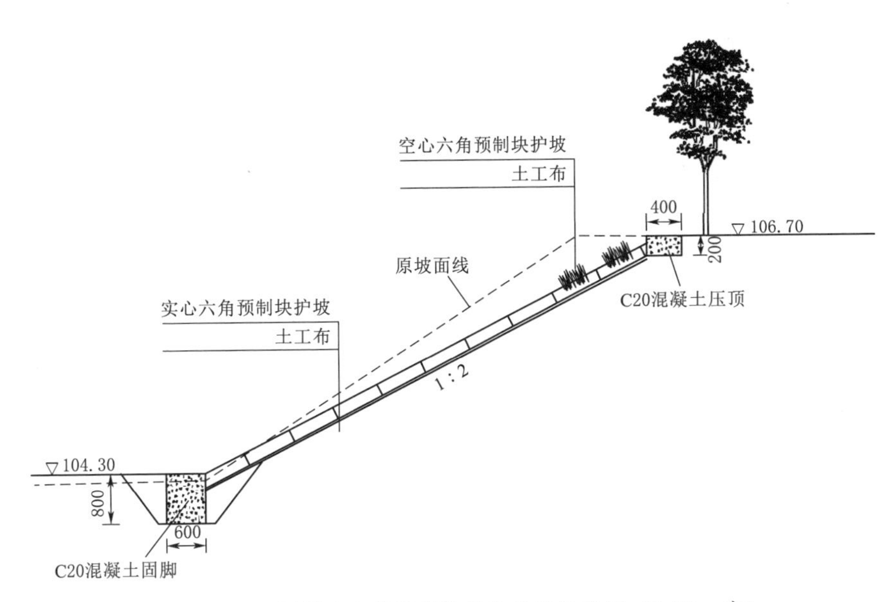

图 6.5-4 混凝土六角预制块护坡典型设计图（2.50m 高）
（单位：尺寸，mm；高程，m）

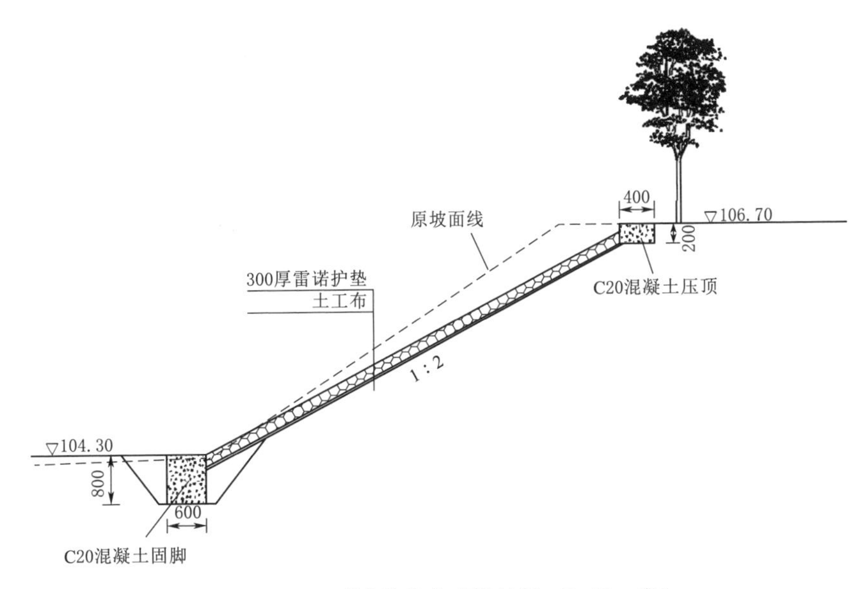

图 6.5-5 雷诺护垫典型设计图（2.50m 高）
（单位：尺寸，mm；高程，m）

表 6.5-1　　3种设计方案对比表

设计方案	施工难易程度	适应变形能力	景观效果	造价/(元/m)
干砌块石护坡	对施工有一定的要求，需要由人工进行堆砌，施工过程中还应保证表面块石咬扣紧密，不能出现局部空洞等现象	可适应局部变形，但由于其整体性较差，若局部发生破坏或块石丢失则会导致坡面整体出现坍塌或失稳	块石与缝隙间绿草相互点缀，景观性较好	1060
混凝土六角预制块护坡	对施工有一定的要求，需要由人工进行堆砌，对坡面平整度要求较高	铺面矩阵中一块或多块预制块发生破坏导致预制块间的作用减弱或失效，易引起局部失稳，适应变形能力较弱	实心混凝土预制块坡面呈现“白化”的原始面貌，景观性稍差；空心混凝土预制块绿植生长茂盛时景观性较好，但当遭受洪水冲淹或冬季时，景观性一般	985
雷诺护垫	施工简便、工序少、无须特殊的技术工人，在有机械配合的时候，能够加快施工进度	石笼护岸中所用的低碳钢丝可以将全部箱体连成整体，能对坡面土体局部沉陷或发生小的变形进行适应性微调，适应变形能力较强	块石与缝隙间绿草相互点缀，景观性较好	1170

通过上述3种方案的比较可知，3种护岸形式均具有一定的景观效果，且造价差别不大。因此，从整治目标来看，选择施工简便、适应变形能力强且具有一定景观性的雷诺护垫能够更好地实现设计效果。

6.5.2.2　结构计算

雷诺护垫结构设计主要考虑护垫固脚形式、填石粒径及护垫厚度等影响因素。

1. 确定固脚形式

雷诺护垫在进行岸坡坡式防护时，应保证其固脚稳定，并满足冲刷深度要求。可采用混凝土、浆砌石、格宾石笼等挡墙固脚形式，也可采用石笼护垫作为固脚，其护垫坡脚长度则需根据坡脚最大冲刷深度及护垫抗滑稳定性进行综合确定。

(1) 坡脚冲刷深度计算。根据《生态格网结构技术规程》(CECS 353：2013)，护坡坡脚采用护垫时，其防护范围应向河床中延伸1.5～2.0倍的最大冲刷深度，因此，坡脚水平段的铺设长度 L 与最大冲刷深度 Δh_B 的关系如下：

$$L \geqslant (1.5 \sim 2.0)\Delta h_B \tag{6.5-1}$$

根据《堤防工程设计规范》(GB 50286—2013),结合本河段地形特征,采用水流平行于防护工程产生的冲刷深度计算公式:

$$\Delta h_B = h_P \left[\left(\frac{V_{CP}}{V_{允}} \right)^n - 1 \right] \tag{6.5-2}$$

式中:Δh_B 为局部冲刷深度,m;h_P 为冲刷处冲刷前的水深,m;V_{CP} 为平均流速,m/s;$V_{允}$ 为河床面上允许不冲流速,m/s;n 取值与防护岸坡在平面上的形状有关,可取 $n=1/4$。

根据式(6.5-2),计算出该河段局部最大冲刷深度 Δh_B 为 0.60m,由式(6.5-1)式得到坡脚水平段的铺设长度 L 最小为 0.9m~1.2m。

(2)护垫抗滑稳定性复核。根据静力平衡条件,对雷诺护垫进行受力分析,需满足在自重的坡向分力下不会产生滑动(见图 6.5-6),即坡面抗滑稳定系数 $F_s \geqslant 1.5$,即

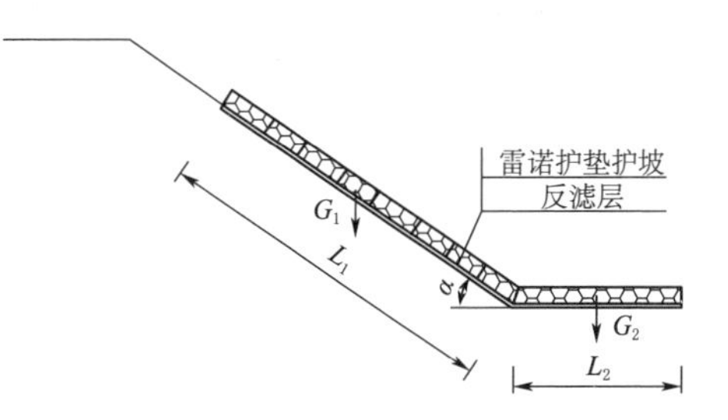

图 6.5-6 雷诺护垫抗滑稳定分析示意图

$$F_s = \frac{L_1 \cos\alpha + L_2}{L_1 \sin\alpha} f_{cs} \tag{6.5-3}$$

式中:L_1、L_2 分别为坡面及坡脚护垫长度,m;α 为岸坡与水平面的夹角,(°);f_{cs} 为护垫与坡面土间的摩擦系数,$f_{cs}=\tan\varphi$,φ 为坡内土体内摩擦角,当雷诺护垫下设土工布时,摩擦系数建议减小 20%。

根据式(6.5-3),计算所需护垫坡脚长度 L_2 为 5m。

综合上述两种计算方法,选用坡脚长度计算较大值作为护脚的长度。但根据实际情况,若坡脚长度为 5m 时,会相应增加施工难度,如施工面及围堰填筑均需向河道中心偏移;且对于其他固脚形式而言,投资较大,因此可选择如混凝土、浆砌石、格宾石笼等固脚形式。

2. 护垫厚度计算

雷诺护垫的厚度可参照《生态格网结构技术规程》(CECS 353:2013)中方法计算,该方法可适用于缓流河段(河道坡降一般小于 2%),且计算护垫厚度在 150~500mm 范围内,公式如下:

$$T = 2.0 D_m \tag{6.5-4}$$

$$D_m = S_o C_s C_v d \left[\left(\frac{\gamma_w}{\gamma_s - \gamma_w} \right)^{0.5} \frac{V}{(gdK_1)^{0.5}} \right]^{2.5} \tag{6.5-5}$$

$$C_v = 1.283 - 0.21 \lg(R/b) \tag{6.5-6}$$

式中:T 为护垫的最小厚度;D_m 为护垫中填石的平均粒径;S_o 为安全系数,

最小取1.1；C_s 为填石的稳定系数，一般取0.1（适用于有棱角填石，且最大与最小填石尺寸比例应在1.5～2.0之间）；C_v 为流速分布系数；d 为流速 V 处的局部水深度，m；γ_w、γ_s 分别为水及填石的重度，kN/m^3；V 为断面平均流速，m/s；g 为重力加速度，9.81m/s^2；K_1 为边坡修正因子，坡度1∶1、1∶1.15、1∶2、1∶3时分别取0.46、0.71、0.88、0.98，坡度1∶4以上时取1.0；R 为水力半径，m；b 为水面宽度，m。

根据式（6.5－5），计算出该河段石笼护坡填石的平均粒径 D_m 为0.14m，再由式（6.5－4）则得到护垫最小厚度 T 为0.28m，结合石笼护坡常规的生产规格，确定选用0.30m厚石笼护坡。

经过结构设计计算，结合该段地形条件，最终确定本次治理方案为：采用格宾石笼固脚，固脚以上采用雷诺护垫厚度0.30m，边坡1∶2.0，护垫下设置聚酯长纤无纺布。同时，具体施工时应严格保证石笼网材料的质量及填充块石粒径要求，即可满足岸坡结构安全性。

6.5.3 实施效果

项目河段于2020年12月开始施工，2022年3月完工，从施工完成到现在经过1个汛期洪水的考验。截至目前，石笼护坡结构完整、稳定，未发现有冲刷、塌陷等情况，结构运行良好（见图6.5－7和图6.5－8）。

图6.5－7 工程完工2年后效果良好（一）

图6.5－8 工程完工2年后效果良好（二）

6.6 反砌法生态挡墙护岸设计与应用案例——以渝水区王坑水为例

6.6.1 基本情况

（1）河道概况：王坑水为赣江二级支流，盘龙江一级支流，流域面积为6.66km^2，主河道长为5.23km，河道比降为8.93‰。发源于江西省新余市渝水区良山镇下保村，在吉安市峡江县砚溪镇虹桥村左岸汇入盘龙江，地理坐标为东经117°27′05″～118°00′15″，北纬28°51′40″～28°33′30″。

（2）整治范围：治理段为王坑水下保村段，属于王坑水中游段，桩号0＋000～0＋772两岸河段总长为1544m，河岸采用反砌法生态挡墙护岸。

（3）整治前河段情况：王坑水下保村段最大宽度为16.0m，平均宽度为10.0m，岸坡高度在1.2～1.8m之间，河道两岸均未实施岸坡加固，属于原始自然岸坡，部分河道存在淤积、岸坡受水流冲刷等问题。河道两岸无道路，河道两侧为百亩花海基地。王坑水景观性和亲水性较差，随着两岸基地的旅游开发与景观打造，已与周边的环境不协调。

（4）建设标准：河道工程建设等别为Ⅴ等，护岸工程级别为5级。

（5）整治目标：作为江西省中小河流重点县综合整治及水系连通渝水区水西项目区试点工程，通过生态岸坡工程治理，使王坑水下保村段河流增强防洪能力，提升景观性，与周围环境相协调，将该河段打造为一条休闲、观光、兼具亲水功能的生态景观廊道。

6.6.2 典型设计方案

6.6.2.1 方案选取

传统的护岸形式如浆砌石挡墙护岸、混凝土挡墙护岸等，会阻隔河道水体与两侧岸坡的水力交换，不利于生态环境的可持续发展，同时也会影响与周边环境的协调性。因此，对于该工程的河道岸坡治理，应选择生态护岸形式进行衬护。考虑到河道两岸大部分为农业基地，征地困难，不宜选择拓宽河道断面、开挖量较大的斜坡式生态护岸形式，结合前面的介绍，方案可考虑石笼护岸、生态砌块挡墙护岸、反砌块石生态护岸。

（1）石笼护岸造价较低，施工简单且结构稳定性好，块石间形成的多孔结构使其具有较好的生态性，在中小河流治理中应用十分广泛。但如果上游居民生产、生活遗弃的垃圾较多，河道水流流速较大或山洪频发，则石笼护岸易挂腐烂物、漂浮物等水中垃圾，且人工清理石笼中钩挂的垃圾难度较大，成本高，若任其聚拢在该段河道，对水体水质以及生态性效果影响较大。图6.6－1所示为河道桩号K0＋600石笼护岸典型设计图。以该断面为典型断面进行工程量计算，并根据《江西省水利水电建筑工程概算定额（试行）》（赣水建管字〔2006〕242号），采用2020年一季度价格水平计算该设计方案造价，得出该方案造价为1050元/m。

（2）生态砌块挡墙护岸占地少，覆绿快，可一年四季挂绿，绿化效果好，但该护岸形式造价较高，施工工艺较复杂，这是造成它在江西省应用较少的主要原因。图6.6－2所示为河道桩号K0＋600自卡锁式生态砌块挡墙护岸典

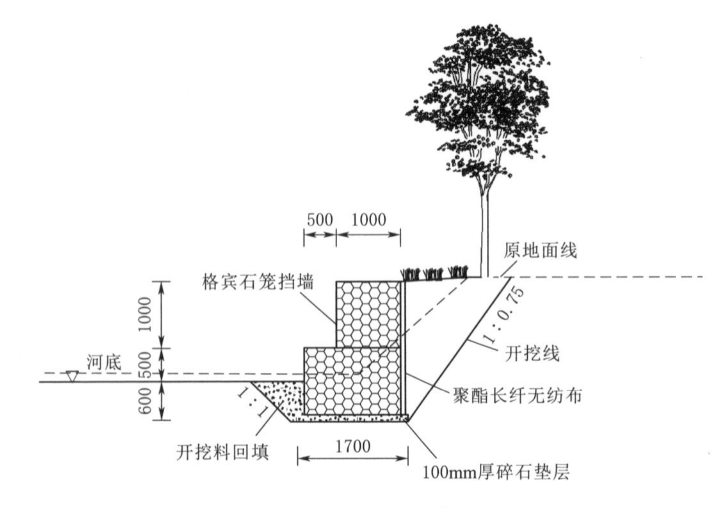

图 6.6-1 石笼护岸典型设计图（1.5m 高）
（单位：尺寸，mm；高程，m）

型设计图。以该断面为典型断面进行工程量计算，并根据《江西省水利水电建筑工程概算定额（试行）》（赣水建管字〔2006〕242 号），采用 2020 年一季度价格水平计算该设计方案造价，得出该方案造价为 1500 元/m。

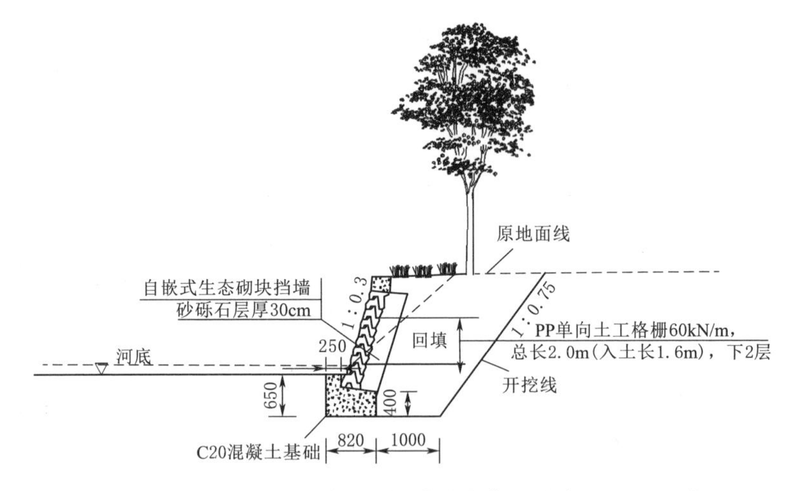

图 6.6-2 自卡锁式生态砌块挡墙护岸典型设计图（1.5m 高）
（单位：尺寸，mm；高程，m）

（3）反砌块石生态挡墙护岸结构稳定性好、抗冲能力强，且造价低、施工简单，景观效果较好，与工程治理目标一致。因该生态挡墙外观自然生态，与周围景观协调性强，在江西省应用越来越多。图 6.6-3 所示为河道桩号 K0+600 反砌块石生态挡墙护岸典型设计图。以该断面为典型断面进行工程量计算，根据《江西省水利水电建筑工程概算定额（试行）》（赣水建管字〔2006〕242号），采用2020年一季度价格水平计算该设计方案造价，得出该方案造价为1150元/m。

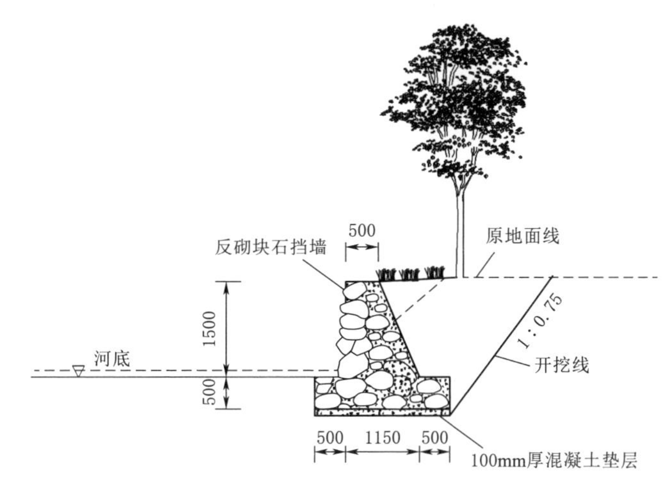

图6.6-3 反砌块石生态挡墙护岸典型设计图（1.5m高）
（单位：尺寸，mm；高程，m）

鉴于以上3种护岸形式在技术层面上均可实施，但受限于用地条件、整治目标等因素，下面主要从绿化效果、景观效果、造价3个方面进行列表对比分析（见表6.6-1）。

表6.6-1 3种设计方案对比表

设计方案	绿化效果	景观效果	造价/(元/m)
石笼护岸	石笼主要是通过石块之间的缝隙长出草木，草木短小，以本地杂草为主，绿化效果一般	块石与缝隙间绿草相互点缀，景观性较好，但考虑到王坑水山洪频发，周边为旅游开发区，石笼易钩挂生活垃圾，影响景观效果	1050
生态砌块挡墙护岸	前期可直接通过栽种绿植使墙面快速覆绿，且覆绿面积大，几乎可以覆盖墙面	可选择不同绿植进行栽种，使墙面绿化、美化、艺术化，景观效果好	1500
反砌块石生态挡墙护岸	石块之间的缝隙长出草木，草木短小，以本地杂草为主，绿化效果一般	块石与缝隙间绿草相互点缀，景观性较好	1150

通过上述3种方案的比较可知，石笼护岸景观效果受人为活动影响大，难以保障工程整治目标的实现；生态砌块挡墙虽然绿化及景观效果较好，但护岸造价偏高；反砌块石生态挡墙既能保障景观效果、造价适中，符合工程的整治目标，因此设计方案选择反砌块石生态砌挡墙护岸。

6.6.2.2 结构计算

（1）抗滑稳定计算：

$$K_c = f\sum W/\sum p$$

式中：K_c 为抗滑稳定安全系数；$\sum W$ 为作用于墙体上的全部垂直力的总和，kN；$\sum p$ 为作用于墙体上的全部水平力的总和，kN；f 为底板与堤基之间的摩擦系数。

（2）抗倾覆稳定计算：

$$K_o = \sum M_V/\sum M_H$$

式中：K_o 为抗倾覆稳定安全系数；$\sum M_V$ 为抗倾覆力矩，kN·m；$\sum M_H$ 为倾覆力矩，kN·m。

（3）基底应力计算：

$$\sigma_{max/min} = \sum G/\sum A \pm \sum M/\sum W$$

式中：$\sigma_{max/min}$ 为基底的最大和最小压应力，kPa；$\sum G$ 为垂直荷载，kN；A 为底板面积，m^2；$\sum M$ 为荷载对底板形心轴的力矩，kN·m。

在河槽内无水、墙后为饱和填土的最不利工况下，反砌法生态挡墙结构稳定计算成果见表6.6-2。

表6.6-2　反砌法生态挡墙结构稳定计算成果表

墙高/m	墙型	抗滑 K_c	抗倾 K_o	地基应力 σ_{max} /(kN/m²)	允许承载力/(kN/m²)
1.5	反砌块石生态挡墙	2.90	12.54	26.26	160

根据《水工挡土墙设计规范》(SL 379—2007)，挡土墙的级别要求 $K_c \geqslant 1.20$，$K_o \geqslant 1.40$，计算结果满足要求；地基最大应力小于允许承载力160kN/m²，满足要求。

6.6.3 实施效果

项目河段于2017年12月开始施工，2018年3月完工，从施工完成到现在经过多次汛期洪水的考验。截至目前，反砌块石生态挡墙护坡结构完整，两岸挡墙未发现有破坏现象，且景观性较好，与周边环境相协调，结合旁边的乡村农业旅游开发，起到了良好的促进作用。图6.6-4所示为工程完工4年后的示意。

图6.6-4　工程完工4年后效果

第7章 生态护岸技术运用前景

7.1 结论

(1) 传统硬质护岸形式已不能完全满足维持人水和谐发展及保护水自然清洁等绿色生态的新要求，尤其对生态方面的负面影响较大，主要表现在三个方面：①传统（硬化、渠化、白化）护坡对自然景观造成破坏后将难以恢复；②封闭型坡面破坏了生态系统的完整性和健康性，不利于物种多样性保护和河流自净能力的提升，破坏了河流生态环境；③传统护岸阻隔了水陆交界面处的交换，加上人类生产、生活垃圾的污染，人类的生活环境受传统护岸的负面影响显著。

(2) 本书从技术特性方面（结构特性、经济性、生态性）对16种生态护岸（坡）技术进行了详细的介绍和分析，重点分析了各护岸技术典型设计断面的结构要素、结构维持稳定的内因、工程造价、生态性表现及原理；并在第5章详细介绍了各生态护岸技术的设计要点、施工工艺流程及质量控制要点、质量检测与评定标准，便于读者了解与选用。

(3) 生态护岸因其自身结构的特点，破坏方式各有差异，但破坏机理仍具有以下3个方面的共性：①水流条件变化引起护岸结构发生破坏；②材料强度或耐久性降低引起岸坡结构破坏；③地形地质条件存在前期缺陷或后期发生改变引起岸坡失稳。通过收集其他学者关于河流生态护岸稳定性试验研究的成果，以及通过室内外试验研究，分析了湖区生态护岸的抗风浪稳定性，结合实际应用工程经验和厂家提供的产品参数，提出了各生态护岸技术的适用条件，主要包括水流条件、地形地质条件、选材条件等。但在实际应用过程中，除受适用条件影响外，还受用地范围、投资规模、景观效果等多重因素影响，不能盲目选择，应结合工程实际情况，选择适宜的护岸形式。

(4) 在实际应用过程中，在满足适用条件的基础上，各类生态护岸形式可灵活选择，既可独立使用，也可组合使用，衍生出更优更合适的复合型生态护岸形式，但需注意的是，复合型生态护岸技术的选用应在保证结构稳定性的前提下，同时考虑其经济性和生态性。

7.2 展望

随着人们对生态环境的重视程度越来越高，“健康河”“幸福河”“美丽河”的理念已深入人心，传统的护岸形式已不能适应水利工程高质量发展的需要，生态护岸的研究和应用正逐渐成为河湖岸坡治理的重要趋势。随着生态护岸类型的不断增多、改进及应用，也出现了一些因选型不当造成岸坡失稳破坏的现象，以及后期景观性及生态性大打折扣的问题。因此，对于河流生态护岸的相关理论研究与工程应用尚需进一步深入。

（1）目前，大部分生态护岸应用技术指南或规范仍较缺乏。当前，江西省乃至全国在河流生态护岸应用技术方面尚无适用的行业标准，生态护岸治理工程良莠不齐，产品规格、质量和施工工艺缺少规范性文件，生态恢复效果差异明显。与传统护岸不同，生态护岸是一门包括了园林、生物、环境工程、土木工程等多学科的交叉学科，且护岸材料、结构形式多种多样，受地域和气候的影响，情况也变得较复杂。目前理论上的研究滞后于工程应用上的迫切需要，亟须加速制定各类生态护岸的应用技术指南、行业标准和规范，用以指导工程实践。

（2）生态岸坡工程维护管理方面的配套机制不足。河流生态护岸技术应用尚处于大规模应用的初期阶段，后期配套维护管理要求也无成熟经验，生态护岸工程容易出现重建设、轻管理的现象，人为破坏、自然损毁等情况较普遍；另外，部分岸坡覆绿的灌木、花草均需定期养护，否则后期易被杂草挤占生长空间，使其景观效果大打折扣，这些都将为生态护岸技术的顺利推广应用带来了不良影响。

（3）生态护岸的效果监测和动态评估还需进一步完善和加强。目前，对河湖岸坡生态治理工程成功与否的判断，从理论到实践上尚存在不同的认识。由于此类判断准则的缺乏，很多河流护岸工程的投资、执行和验收缺乏相应的评估指标，也很难对岸坡生态恢复效果进行有效监测、评估，甚至有些地方把岸坡覆绿的效果作为评估的唯一标准，忽略了其生态效果。因此，建立生态护岸效果的监测方案和动态评估方法与准则、对岸坡生态恢复效果进行定量化分析和评价是当前和今后一段时期的迫切需要。

（4）复合型生态护岸技术的相关研究成果较少。虽然在实际应用过程中，部分河湖采用了一些复合型生态护岸技术，但大部分是根据工程经验或其他项目的设计图纸套用而来，缺乏理论依据。尤其是哪些生态护岸技术可以相互结合应用，应用方式应根据什么原则，结合后的护岸结构稳定性如何考虑等问题，仍需进一步的研究和探讨。

虽然亟待研究的内容还有很多，但水利高质量发展与人民对美好生活的向往必将推动生态护岸技术从理论研究、管理机制创新到评价评估方法与指标划定的不断探索，相信在不久的将来，会有越来越多经济、环保、美观、实用且施工简便的复合型生态护岸技术成功应用于人们的生活实践，人水和谐、绿色生态的理念必将更加深入地践行到全国、全世界水利工程建设的方方面面。

参 考 文 献

[1] SEIFERT A. Naturnaeherer Wasserbau [J]. Deutsche Wasserwirtschaft，1983，33 (12)：361－366.

[2] LANDERS J. Environmental engineering：Los Angeles aims to combine river restoration，urban revitalization [J]. Civil Engineering，2007，77 (4)：11－13.

[3] WHALEN P J，TOTH L A，KOEBEL J W，et al. Kissimmee river restoration：A case study [J]. 2002，45：55－62.

[4] BERNHARDT E S，PALMER M A，ALLAN J D，et al. Synthesizing U. S. river restoration efforts [J]. Science，2005，308 (5722)：636－637.

[5] YOSHIMURA C，OMURA T，FURUMAI H，et al. Present state of rivers and streams in Japan [J]. River Research and Applications，2005，21 (2－3)：93－112.

[6] 陶思明. 中国自然保护区发展与湿地保护 [J]. 世界环境，1999 (4)：44－46.

[7] 季永兴，刘水芹，张勇. 城市河道整治中生态型护坡结构探讨 [J]. 水土保持研究，2001 (4)：25－28.

[8] 夏继红，严忠民. GIS 在河道生态护岸工程中的应用 [J]. 水利水电技术，2004 (2)：15－17，94.

[9] 李影，姚百超，姜涛. 柳树在河流防护工程中的应用 [J]. 黑龙江水利科技，2005 (6)：118.

[10] 王艳颖，王超，侯俊，等. 木栅栏砾石笼生态护岸技术及其应用 [J]. 河海大学学报（自然科学版），2007 (3)：251－254.

[11] 黄岳文，汪荣勋. 荣勋砌块及其在生态护岸上的应用 [J]. 人民长江，2008 (13)：67－69，74.

[12] 赫晓磊. 山丘区生态河道设计方法研究 [D]. 扬州：扬州大学，2008.

[13] 王英华，王玉强，秦鹏. 浅析新农村河道生态护岸形式及选用 [J]. 中国农村水利水电，2010 (3)：102－104.

[14] 常羽萌. 滞洪区内的亲水生态护岸设计研究 [D]. 武汉：华中科技大学，2012.

[15] 邢振贤，王雅楠，谢琰. 混凝土生态护岸试验与工程效果分析 [J]. 中国农村水利水电，2013 (10)：51－53，56.

[16] 崔巍，陈文学，白音包力皋，等. 我国河流生态护岸建设及相关问题探讨 [J]. 水利水电技术，2016，47 (10)：119－123.

[17] 张振兴. 北方中小河流生态修复方法及案例研究 [D]. 长春：东北师范大学，2012.

[18] 张建. 永定河（北京段）典型生态护岸材料和结构筛选 [D]. 北京：北京林业大学，2019.

[19] VISALI J M，ANIRUDDHA S. Study of the dynamic performance of a gabion wall

[J]. Structures，2023，50：576－589.

[20] 冷美玲，简鸿福，戴霖. 格宾石笼在山洪沟防护中的应用 [J]. 水科学与工程技术，2022，236（6）：46－48.

[21] 黄夏彬. 格宾石笼施工程序与方法分析——以洋洽排涝站出水口修复工程为例 [J]. 地下水，2022，44（6）：301－302.

[22] ROYA B，FARZIN S，MEYSAM N，et al. Flow over embankment gabion weirs in free flow conditions [J]. Journal of Hydro－environment Research，2022，44：65－76.

[23] 胡金杰，王福生，童琦媛. 组合式生态挡墙砌块在河道护岸中的运用 [J]. 水利技术监督，2023，183（1）：239－243.

[24] 阮伟芳. 生态砌块挡墙抗冲稳定性试验研究 [J]. 水利科技，2020，167（2）：4－6.

[25] 沈秋池，苏燕. 生态砌块式加筋挡墙动态失稳研究 [J]. 佳木斯大学学报（自然科学版），2019，37（4）：520－524.

[26] 简鸿福，郭珺，吕辉，等. 生态景观挡墙在江西省八角亭水岸坡防护中的运用 [J]. 中国防汛抗旱，2019，29（11）：62－66，71.

[27] 朱敏. 基于 DDA 法异型砌块生态加筋挡墙稳定性研究 [D]. 福州：福州大学，2018.

[28] 黄建旗. 自嵌式生态砌块护岸在河道整治工程中的应用 [J]. 水利科学与寒区工程，2023，6（10）：115－117.

[29] 陈伟秋，陈凌彦，王登婷，等. 斜坡堤后坡砌石护面稳定厚度的模型试验研究 [J]. 水运工程，2016，516（6）：93－98.

[30] 侯瑜京，孙东亚. 国内干砌块石护坡面层厚度设计规范比较 [J]. 中国水利水电科学研究院学报，2006（2）：138－144.

[31] 于洋，张继真. 干砌石护坡工程施工质量缺陷原因与对策 [J]. 东北水利水电，2012，30（12）：30－32.

[32] 梅道亮，郭峰，郑城，等. 江南地区乡土植物在生态河道护岸中的试验及应用 [J]. 中国水土保持，2020，459（6）：25－27.

[33] 孙一惠，马岚，张栋，等. 2 种扦插护岸植物根系对土壤结构的改良效应 [J]. 北京林业大学学报，2017，39（7）：54－61.

[34] 孟飞. 河道植物护岸耐冲性研究 [D]. 沈阳：沈阳农业大学，2017.

[35] 江辉，刘青，黄宝强，等. 农村小河流生态固岸新模式探讨 [J]. 中国农村水利水电，2014，386（12）：56－59.

[36] 李庆斌. 生态袋覆盖型岸坡界面剪切特性及稳定性试验研究 [D]. 西安：长安大学，2022.

[37] 蒋希雁，陈宇宏，张喆，等. 不同坡比条件下生态袋防护边坡降雨入渗试验研究 [J]. 河北建筑工程学院学报，2022，40（1）：81－90.

[38] 蒋希雁，许梦然，陈宇宏. 基于三轴试验生态袋加筋土邓肯-张模型参数研究 [J]. 中国农村水利水电，2022，480（10）：219－227.

[39] 李庆斌，高德彬，马学通. 生态袋与河道岸坡土体界面摩擦特性室内试验研究 [J]. 中国农村水利水电，2022，471（1）：39－43.

[40] 冯峰. 生态袋加筋土界面剪切特性及本构模型研究 [D]. 张家口：河北建筑工程学院，2021.

[41] 石炜，葛一冬，陈敏，等. 生态型护岸在水利工程设计中的应用探究 [J]. 治淮，2023 (11)：23-25.

[42] 游文荪. 金字塔边坡柔性生态防护技术在河道中的应用 [J]. 江西水利科技，2018，44 (1)：58-62.

[43] 杨玉宝，潘毅，徐振山，等. 现浇型生态混凝土护岸抗水力冲刷性能试验研究 [J]. 水利水电技术，2017，48 (11)：122-127.

[44] 汪菊，王铭明，李连强，等. 基于28d龄期的植生混凝土初期抗压强度特性研究 [J]. 水力发电，2023，49 (1)：106-110.

[45] 吴蒙. 河道整治工程植生生态混凝土最佳配合比研究 [J]. 地下水，2022，44 (6)：133-135.

[46] 朱锡森，朱东新，许晓春，等. 生物基质混凝土在硬质护坡生态化工程中的应用 [J]. 水利水电技术（中英文），2022，53 (S2)：406-409.

[47] 乔建刚，董进国，李明浩，等. 生态混凝土植生与抗冲刷性能研究 [J]. 硅酸盐通报：2023，42 (3)：917-924.

[48] 陈代果，姚勇，唐瑞，等. 植生混凝土河道护坡性能试验研究 [J]. 施工技术，2019，48 (21)：8-11.

[49] 关素敏，张跃平，刘登贤，等. 生态植生透水混凝土植生性能研究 [J]. 混凝土世界，2019，123 (9)：67-71.

[50] 刘军，赵海镜，刘斌. 新型生态防洪护面连锁块水力特性的试验研究 [J]. 水利水电技术，2007，402 (4)：76-78.

[51] 孙东坡，张晓雷，张献真，等. 新型生态防洪护面连锁块的水力特性研究 [J]. 泥沙研究，2007 (3)：44-49.

[52] 陈杰. 新型连锁块在中小河道整治工程中的运用 [J]. 城市道桥与防洪，2021，272 (12)：191-193，202，23-24.

[53] 吴邦硕，熊俊，刘文强，等. 生态连锁挡土墙在黑臭水体治理中的应用 [J]. 建筑技术，2021，52 (12)：1516-1518.

[54] 叶合欣，黄锦林，王德昊，等. 日本植生毯抗冲流速试验及评价 [J]. 人民珠江，2019，40 (8)：85-89.

[55] 黄锦林，叶合欣，王德昊，等. 植生毯在湞江治理工程中的应用 [J]. 广东水利水电，2019，285 (11)：63-66.

[56] 刘通. 锚杆—土工网垫喷播植生护坡正交试验研究 [D]. 青岛：青岛理工大学，2014.

[57] 程庆臣，张文海，程强. 加筋麦克垫抗冲刷试验研究及其在工程中的应用 [J]. 海河水利，2016，197 (1)：51-53.

[58] 冯丛林，周凯，杨再常，等. 加筋麦克垫在护滩工程中的应用及施工质量控制 [J]. 水运工程，2014，489 (3)：183-187.

[59] 党海平，杨东启，杨杰. 框格梁生态护坡在河道整治工程边坡防护中应用 [J]. 云南水力发电，2021，37 (12)：167-169.

[60] 钟春标. 临川区梦港水荣山东馆段防洪工程设计分析 [J]. 水利科学与寒区工程，

2022，5 (11)：103-106.

[61] 翟厚松. 混凝土空心预制块计量与质量评定分析 [J]. 江淮水利科技，2019，84 (6)：20，33.

[62] 韩信. 预制混凝土空心块景观挡土墙的应用 [J]. 铁道建筑技术，2017，288 (9)：89-91，113.

[63] 周鑫，明佑妍，丁声炎. 阶梯式生态框挡墙在永泰水治理工程中的应用 [J]. 广东水利水电，2021，306 (8)：59-62.

[64] 袁以美，叶合欣，陈建生. 阶梯式生态挡墙及砌体槽壁参数确定方法 [J]. 人民黄河，2020，42 (8)：127-130.

[65] 马振羿，崔巍，陈亮. SW 阶梯式生态挡土墙技术简介 [J]. 黑龙江交通科技，2006 (9)：69-70.

[66] 施红兵，张宇亮，王涛. 阶梯式生态框挡墙在南通中创区水系整治中的应用 [J]. 江苏水利，2020，275 (1)：27-30.

[67] 丁洁，董永福. 聚氨酯碎石护坡波浪作用特性 [J]. 水运工程，2022，593 (4)：21-24，75.

[68] 邓建，谢冰冰，吕鹏. 聚氨酯碎石材料在护岸工程中的应用 [J]. 水利水电快报，2021，42 (9)：53-59.

[69] 李亚，陈海峰，黄明毅，等. 新型聚氨酯碎石空心块体生态堤结构构建 [J]. 水运工程，2020 (11)：132-137.

[70] 阮平. 胶石比对聚氨酯玛蹄脂碎石性能影响分析及预测模型的建立 [D]. 北京：北京建筑大学，2022.

[71] 范永丰，赵阳，史先利，等. 基于直剪试验的土工格室加筋层抗剪性能数值模拟研究 [J/L]. 长江科学院院报，2023-3：1-8.

[72] 高小虎，王龙，官长富，等. 基于土工格室及加筋的生态边坡加固试验分析 [J]. 路基工程，2022，224 (5)：112-116.

[73] 王跃锋. 土工格室选型对库岸边坡稳定性的影响 [J]. 河南水利与南水北调，2022，51 (10)：90-91.

[74] 王子寒，张彪，景晓昆，等. 土工格室防治坡面型泥石流启动机理研究 [J]. 自然灾害学报，2022，31 (5)：140-149.

[75] 左政. 土工格室拉伸及界面剪切力学性能试验研究 [D]. 石家庄：石家庄铁道大学，2022.

[76] 韩宇琨，卢正，姚海林，等. 土工格室加固边坡抗冲刷性研究 [J]. 岩石力学与工程学报，2021，40 (S2)：3425-3433.

[77] 简鸿福，吕辉，高江林，等. 一种反砌法生态挡墙 [P]. 江西省：CN217678851U，2022-10-28.

[78] 简鸿福，吕辉，吴晓彬，等. 一种硬质护岸工程的岸坡生态化改造结构 [P]. 江西省：CN217678876U，2022-10-28.

[79] 李志华，孙兆地，马鑫，等. 徐州市奎河硬质护岸生态化改造方案研究 [J]. 人民长江，2020，51 (S1)：61-65.

[80] 李奎鹏. 河道直立式硬质护岸生态化改造技术研究 [D]. 南京：东南大学，2016.

[81] 谢三桃. 城市河流硬质护坡生态修复技术研究 [D]. 南京：河海大学，2007.

[82] 江浔，余育速，冯景伟，等．城市河道传统护坡生态化改造方案研究［J］．人民珠江，2017，38（2）：53-57．

[83] 喻驰方，陶理志，周英雄．江西省堤防护坡形式现状及其研究展望［J］．中国水土保持，2017，419（2）：32-34．

[84] 罗日洪，黄锦林，叶合欣．城市河道直立硬质挡墙生态化改造［J］．广东水利水电，2022，312（2）：68-73．

[85] 谢三桃，朱青．城市河流硬质护岸生态修复研究进展［J］．环境科学与技术，2009，32（5）：83-87．

[86] 谭水位，陈文学，吴一红，等．柔性护坡袋抗冲性能试验研究［J］．水利学报，2013，44（3）：361-366．

[87] 王春喜，熊玲，林梦溪，等．植草型双模袋生态混凝土护坡抗冲性能试验研究［J］．中国水运（下半月），2018，18（11）：201-203．